¿CUÁNTO PESAN LAS NUBES?

DAVID CALLE

¿CUÁNTO PESAN LAS NUBES?

Y otras sencillas preguntas y sus respuestas científicas

PLAZA & JANÉS

Papel certificado por el Forest Stewardship Council®

MIXTO
Papel procedente de fuentes responsables
FSC® C117695

Primera edición: marzo de 2018

Printed in Spain – Impreso en España

ISBN: 978-84-01-02088-9
Depósito legal: B-366-2018

Compuesto en La Nueva Edimac, S. L.

Impreso en Liberdúplex
Sant Llorenç d'Hortons (Barcelona)

L 0 2 0 8 8 9

Penguin
Random House
Grupo Editorial

A quienes no dejan nunca de hacerse preguntas.
A Cristina, mi editora, y Sergio, mi punto de apoyo.
Sin su ayuda (y la de quienes de algún modo forman parte de él), este libro habría sido imposible.

A todos los que he encontrado en el camino
y me han enseñado algo.

Al 99% de las personas que cito en este libro, porque todas ellas me sirvieron o sirven de inspiración.
A todas las que no cito y que sin embargo me quieren, siempre conmigo.

Y, sobre todo, a «mis unicoos», siempre ahí protagonistas también en esta aventura.
Sueño con que algún día formaréis parte de la respuesta de millones de problemas aún sin resolver.

Soy porque nosotros somos. #somosunicoos

Índice

Introducción

> He aprendido a disfrutar de un paisaje, una canción. Una película. Un instante al lado de la persona que amo. No voy a cambiarlo. No tengo ni idea de cuántos segundos quedan. Pero van a ser apasionantes.
>
> RÚA LÓPEZ MORA,
> *Exprimiendo segundos*

Si la vida en el Universo pudiera resumirse en un año, el ser humano solo lo habría habitado en el último segundo. Para nosotros han significado milenios. Porque el tiempo es relativo, como tantas otras cosas. Si tu vida es larga y próspera, que así sea, vivirás más de dos mil millones de segundos, aunque la tercera parte de ellos los pases durmiendo. El resto, que ya es demasiado tiempo pegado a la almohada, te tocará estar despierto, vivirlos, disfrutarlos. Porque pueden ser apasionantes.

Leer este libro te llevará el 0,0005% de tu vida, entre

7.200 y 14.400 segundos. Quizá los mismos que *Blade Runner 2049* (2017) o la trilogía original de *Star Wars*. Si lo lees en unos años, algunas de las cosas que ahora se tienen por ciertas e incluso inmutables es posible que entonces ya no tengan sentido. Nada permanece, nada es constante. «Lo único constante es el cambio», predijo Heráclito hace 2.500 años. Es lo maravilloso de la ciencia, que avanza imparable día a día gracias al trabajo incansable, creativo y a veces genial de miles de personas dedicadas a su estudio. Aquellas a las que ojalá, quién sabe si algún día, si estás estudiando, termines sumándote.

«Si buscas resultados distintos, no hagas siempre lo mismo», decía Einstein. Así, en la búsqueda inconformista de respuestas se han construido y forjado las bases del imparable avance tecnológico de nuestra civilización en los últimos siglos, sobre todo en las dos últimas décadas, mientras otras permanecen sin explicación. No había película de ciencia ficción que viera de pequeño de la que no saliera flipando por las escenas de acción y los efectos especiales, pero, sobre todo, de la que no saliera haciéndome alguna pregunta. Y, a día de hoy, me fascina más lo que plantean películas como *Interstellar* (2014) o series como *Black Mirror* que la propia acción en sí. De ahí que sea tan friki, de ahí quizá que terminara haciéndome ingeniero, primero, y profesor de matemáticas y física, después. A algunas de ellas les encontré explicación preguntando a quienes saben más que yo, que son casi infinitos. A otras, en la biblioteca o en internet, depende de la época, que ya tengo una edad. Y a muchas de ellas, sinceramente, por más que lo he intentado, no les he encontrado ninguna; y, si lo he hecho, no he conseguido entenderlas (soy consciente de mis límites, que son casi infinitos: solo soy un profe). Pero siempre aprendo algo por el camino, por poco que sea; eso es lo fascinante, la base para afrontar la siguiente respuesta. O algo chulo que contar a mis alumnos cuando intento ilustrarles algo. No falla.

Por eso, más que ofrecerte cuarenta respuestas a preguntas que quizá alguna vez tú también te has hecho, lo único que espero es que esto sea para ti simplemente el comienzo de una búsqueda desatada de razones para todo lo que ocurre a tu alrededor, sin conformarte con las respuestas que te den, con nada de lo ya establecido. Ese es mi sueño. Ayudarte de algún modo a inspirarte para que construyas los tuyos, darte alguna idea si eres profe para tus clases o, sencillamente, que te hagas preguntas, todas las que puedas. Y les busques una respuesta sin apelar a los dioses del Olimpo, que siempre aportaban una, mitológica, fascinante, pero nada científica. Aunque suyos sean los nombres de las constelaciones y los planetas.

1
¿Por qué tu vecino de abajo vivirá más que tú?

Mira el reloj: tic, tac, tic, tac, avanzando siempre al mismo ritmo, indiferente, inmutable, con paso militar. Tic, tac, tic, tac. Todos los relojes marchan igual, no importa lo que uno haga, en qué lugar esté o a qué velocidad viaje. Nuestros sentidos nos dicen que vivimos en el Universo que describe la física de Newton, donde las coordenadas espaciales y la coordenada tiempo son independientes las unas de la otra. El tiempo avanza ciego, como si nada más importase, ajeno a todo. Tic, tac, tic, tac...

Pero eso es lo que nos dicen nuestros sentidos, de los que no nos podemos fiar del todo. De hecho, en la realidad en la que indagan los científicos, el tiempo no es algo tan rígido sino algo más moldeable y cambiante. Fue lo que descubrió el genial físico Albert Einstein (el personaje más importante del siglo XX según la revista *Time* y, con su efigie de pelos alborotados y la lengua fuera, icono de la ciencia en el imaginario popular) en su Teoría Especial de la Relatividad enunciada en 1905, el llamado «año milagroso» de Einstein por la cantidad de aportaciones revolucionarias que hizo al conocimiento científico.

Lo que Einstein supo ver es que el transcurso del tiempo varía entre dos personas que viajan a diferentes velocidades. Por ejemplo, si yo estoy quieto y tú te alejas en bicicleta (un medio de transporte muy del gusto de Einstein), el ritmo del tiempo para ti será más lento. El tiempo pasará más lento para el que viaja en bicicleta; lo llamamos «dilatación temporal». ¿Por qué no lo notamos? Porque este es uno de los llamados «efectos relativistas» (de la relatividad) y solo es apreciable a las «velocidades relativistas», es decir, las cercanas a la velocidad de la luz.

La velocidad de la luz en el vacío (300.000 kilómetros por segundo), que es igual para todas las personas, se muevan como se muevan (pues es absoluta) y un límite del Universo que no se puede superar, es la piedra fundamental sobre la que se apoyan los trabajos de Einstein. A velocidades normales (por ejemplo, cuando viajamos en bicicleta), la diferencia entre mi reloj y el tuyo resulta imperceptible (pero existe).

No obstante, ¿qué pasaría si uno de los dos viajara en una veloz nave espacial? Pues pasaría lo que se describe en la llamada Paradoja de los Gemelos, una curiosa historia que los físicos utilizan para ilustrar este fenómeno. Imagínate a dos hermanos gemelos en el planeta Tierra. Uno de ellos es astronauta y se va de viaje por el Universo en una potente nave espacial que alcanza esas velocidades relativistas, cercanas a las de la luz. El otro, menos aventurero, se queda en casa a esperarle. Pongamos que el gemelo viajero va hasta la estrella más cercana a la Tierra, Alfa Centauro (a una distancia de unos cuatro años luz), viajando al 80% de la velocidad de la luz.

A su regreso, los dos descubren, sorprendidos, que si bien al comienzo del viaje tenían la misma edad (porque son gemelos), ahora el que se ha quedado en tierra es cuatro años más viejo. En la Tierra han pasado diez años, mientras que en la nave solo seis (otro de los extraños efectos relativistas es que la distancia se contrae, luego para el astronauta el trayecto también habría sido más corto). El tiempo ha pasado a un ritmo diferente para ambos y, durante su viaje, nuestro gemelo aventurero ha celebrado cuatro fiestas de cumpleaños menos. De hecho, si el viaje del astronauta hubiera sido lo bastante largo y a la velocidad suficiente, a su regreso la Tierra podría haber sido ya engullida por el Sol, convertido en estrella Gigante Roja (cosa que pasará dentro de unos 5.000 millones de años). En definitiva: mientras que la velocidad de la luz es constante, las coordenadas de espacio y tiempo varían para que encajen las leyes de la física.

¿Cómo podemos saber que todo esto es cierto? Aunque todavía no se pueden hacer viajes interestelares a tan enormes velocidades, en 1971 los científicos Hafele y Keating realizaron un experimento para demostrarlo utilizando relojes atómicos de cesio (muy precisos) y aviones de línea regular; estos volaron primero en dirección este y luego en dirección oeste, mientras que otro reloj de referencia se dejaba en el Observatorio Naval de Estados Unidos, en la ciudad de Washington D. C. Lo que hallaron fue que, en efecto, los relojes habían marchado de forma diferente, según predice la Teoría Especial de la Relatividad. Aunque la diferencia era muy pequeña, esos relojes atómicos que pueden medir tiempos extremadamente cortos fueron capaces de detectarla.

CURIOSIDAD CIENTÍFICA: Otra forma de observar el fenómeno es utilizando muones, como hicieron Frisch y Smith en 1963. Los muones son unas partículas 207 veces más pesadas que el electrón (también de carga negativa) que se detectan en la atmósfera después del impacto de los rayos cósmicos. El tiempo de vida medio de un muón, lo que tarda en desintegrarse en otras partículas de manera natural, es de 22 microsegundos. Frisch y Smith comprobaron que, en la superficie terrestre, se detectaban muchos más muones de los esperados: donde solo tendrían que llegar 27 partículas cada hora (ya tendrían que haberse desintegrado), llegaban 412. La explicación del enigma era que, al viajar los muones a velocidades cercanas a la de la luz, para ellos el tiempo, observado desde la superficie, transcurría más lento. Igual que el gemelo astronauta, los muones viajeros tardan más en *envejecer* y en desintegrarse. Y así llegaban en más cantidad al suelo.

Pero eso no es todo. Einstein siguió trabajando hasta desarrollar una teoría más avanzada, que llamó Teoría General de la Relatividad y que presentó en 1915. Esta teoría explica el Universo a gran escala ligando las fuerzas gravitacionales a la geometría del espacio-tiempo. Esta teoría nos habla del Big Bang, del futuro del Universo, de los agujeros negros. Una de sus consecuencias es que los relojes van más lentos, no solamente cuando viajan a gran velocidad, sino también cuando están en un campo gravitatorio más fuerte. Por ejemplo, irían más lento en un sótano que en un ático, ya que el campo gravitatorio de la Tierra disminuye según nos alejamos de su centro. Por tanto, si vives en un bajo estás de suerte...

Una vez más, la variación del campo gravitatorio es tan pequeña que no notamos efectos en nuestra vida cotidiana. En cambio, sí los notan los astronautas de la película *Interstellar*. En una de las secuencias, un grupo de astronautas abandonan la nave principal para bajar al llamado planeta de Miller, que se encuentra dentro del intenso campo gravitatorio del agujero negro supermasivo Gargantúa; entretanto, uno de ellos se queda de guardia. Para los que han bajado solo ha pasado un rato (eso sí, con unas cuantas aventuras de por medio, no se trata de hacer *spoilers*), pero a su regreso comprueban que el compañero que ha permanecido arriba es ya un anciano. Por cada hora en el planeta de Miller, han pasado siete en la nave.

Este mismo efecto también se ha comprobado en la Tierra colocando precisos relojes atómicos a diferentes alturas que, como predice la teoría, han detectado diferencias de nanosegundos en sus mediciones (de hecho, para su correcto funcionamiento, los satélites del sistema de posicionamiento GPS deben tener en cuenta este fenómeno constantemente). Así que la próxima vez que visites un piso donde vayas a vivir, acuérdate del viejo Einstein y ten en cuenta este efecto. Porque el tiempo es oro, pero oro líquido. Tic, tac, tic, tac...

2
¿A qué temperatura hierve el agua en la cima del Everest?

Todos aprendimos de memoria en el colegio que el agua hierve a 100 grados centígrados (°C). A esa temperatura calentamos el agua para cocer pasta o hacer sopa de sobre. Pero esta respuesta no es del todo cierta, o no del todo completa. Como ocurre muchas veces en la ciencia, casi todo es relativo, y por eso el punto de ebullición del agua (la temperatura a la que hierve) depende de algunos otros factores.

Lo primero que debemos preguntarnos es: ¿por qué hierve un líquido? Un líquido, como el agua, está compuesto de moléculas unidas de forma más laxa, menos intensa, que un sólido (en este caso, el hielo, agua sólida). Llamamos «temperatura» a la vibración de las moléculas que forman las cosas: cuanto más caliente está algo, mayor es la vibración de sus moléculas (cuando las moléculas no vibran, estamos a la temperatura más fría que existe, el cero absoluto, a –273 °C (o 0 grados Kelvin, K), aunque, según los Principios de la Termodinámica y la Física Cuántica, es imposible de alcanzar). Así que cuando algo hierve, cuando pasa de líquido a gas, es porque sus moléculas han alcanzado la vibración suficiente para librarse de las ligazones internas del líquido y perderse en el aire, formando un gas. De agua, con las moléculas de H_2O ligadas, pasa a vapor de agua, donde cada molécula vuela libremente ocupando el máximo espacio posible. Pero este fenómeno guarda secretos y tiene truco. Primero: cuando decimos que el agua hierve a 100 °C, nos estamos refiriendo al agua pura, al agua destilada, en la que no hay disuelta ninguna otra sustancia. Normalmente, el agua que bebemos contiene diferentes sustancias diluidas, como podemos comprobar si leemos la etiqueta de cualquier botella de agua mineral, de esas que analiza el famoso Laboratorio Dr. Oliver Rodés: calcio, magnesio, sodio, hierro, bicarbonato, sulfatos...

Por ejemplo, la sal común que usamos en la cocina (NaCl), en la medida suficiente, sube el punto de ebullición del agua; es decir, cuesta más que hierva, hay que ponerla a mayor temperatura, superior a los 100 °C. Se necesitan aproximadamente 58 gramos de sal para elevar el punto de ebullición de 1 litro de agua 1 °C. También disminuye el punto de congelación; es decir, se congela por debajo de los 0 °C. Los entrometidos iones de la sal ponen más difícil a las moléculas de agua formar cristales de hielo. Por eso se echa sal a las carreteras en días de mucho frío, para evitar la formación de hielo y los accidentes de tráfico que puede provocar.

Además, cuando decimos que el agua hierve a 100 °C, solemos referirnos al agua sometida a la presión de una atmósfera, la que suele medirse a nivel del mar. Recuerda que vivimos sometidos a una constante presión, y no me refiero a estar pendiente de los grupos de WhatsApp. Todos soportamos la presión que ejerce el peso del aire de la atmósfera sobre nosotros. Sin embargo, cuanto menor es la presión, menor es el punto de ebullición de los líquidos; dicho de otra manera, hierven con más facilidad. ¿Por qué? Porque los líquidos están hechos de moléculas, y la menor presión atmosférica permite que esas moléculas escapen con más facilidad. La atmósfera no «aprisiona» a las moléculas dentro del líquido.

TRUCO PARA PROFES: (1 atmósfera = 760 mmHg = 1.013 mbar = 101.300 Pa)

Los pascales (Pa), llamados así en honor a Blaise Pascal (matemático y físico francés del siglo XVII), son la unidad de medida de la presión en el Sistema Internacional. Y lo de los 760 milímetros de mercurio (mmHg) tiene su explicación, la pena es que no podrás repetirlo en clase, pues el mercurio es muy difícil de conseguir (es altamente tóxico). En 1643, el italiano Evangelista Torricelli, también físico y matemático, tomó un tubo de 1 m de largo y 1 cm^2 de sección (cerrado en uno de los extremos y lleno de mercurio) y lo invirtió sobre una cubeta llena del mismo metal. De inmediato, la columna bajó varios centímetros por efecto de la presión atmosférica, alcanzado una ▶

▶ altura de 76 cm. Había inventado el barómetro. Puedes repetir el experimento con agua. No alcanzará la misma altura y a lo mejor termináis empapados, pero al menos tus alumnos visualizarán el efecto. **Y no olvidarán esa clase.** ☺

¿Cómo conseguimos que la presión baje y que el agua hierva a menor temperatura (aplicándole menos energía)? Basta con subir una montaña. Si la presión atmosférica está producida por el aire situado encima de nosotros, cuanto más alto subamos, menos aire tendremos encima, menos capas de la atmósfera y, por tanto, menos presión. De hecho, se calcula que decrece a razón de 1 mmHg (1 atmósfera equivale a 760 milímetros de mercurio) por cada 10 metros de elevación en los niveles próximos al del mar. Por eso el agua hierve a menos temperatura en la cima del Everest que en las playas de Alicante.

Se puede calcular. En la cima del Everest, a 8.848 metros de altura, el agua hierve a 86 °C. A 11.000 metros, a unos 71 °C. ¿Y a 1.900 metros (la mitad de la altura a la que saltó Félix Baumgartner) donde se encuentra la denominada Línea de Armstrong? Allí la presión es una decimosexta parte de la del nivel del mar y el agua hierve a la temperatura del cuerpo humano: 36 °C.

HÉROES SIN CAPA: El 14 de octubre de 2012, en una hazaña retransmitida en directo a todo el mundo desde YouTube, Felix Baumgartner (Austria, 20 de abril de 1969) nos dejó asombrados al convertirse en el primer hombre en romper la barrera del sonido (340 m/s) sin ayuda mecánica y en caída libre. Después de varios intentos fallidos, e incluso de abandonar durante meses el proyecto patrocinado por Red Bull, lo logró al lanzarse a 39.608 metros de altura desde una cápsula suspendida de un globo estratosférico inflado con helio y unas paredes de apenas 0,02 mm de espesor. Durante los primeros 40 segundos alcanzó unos 373 m/s (1.343 km/h), y aterrizó con éxito, vivo, después incluso de que hubiera perdido el conocimiento por unos breves (y angustiosos) segundos. Hasta hoy, el récord de salto libre desde mayor altura lo ostenta Alan Eustace, vicepresidente de Google, que saltó desde... **¡41.150 metros!**

¿Qué le habría pasado entonces a Felix si su traje de astronauta, presurizado, hubiera sufrido algún daño a esa altura? ¿Habría ardido? No. ¿Explotado? Tampoco (aunque lo hayamos visto en las películas infinidad de veces). Simplemente, fluidos como la saliva, las lágrimas o las mucosas de la garganta habrían hervido con el simple contacto de su propio cuerpo y se habría quedado seco, que no quemado, porque 36 °C es la temperatura a la que estamos acostumbrados. Eso sí, habría muerto asfixiado por la falta de oxígeno.

CURIOSIDAD CIENTÍFICA: ¿Y la sangre? ¿Herviría? No, porque la presión sanguínea está entre 70 y 120 mmHg (es lo que se mide cuando el médico te toma la tensión) por encima de la exterior. A nivel del mar, sumándole 760 mmHg, entre 830 y 880 mmHg. En el vacío del espacio, donde la presión casi es nula, la presión total oscila únicamente entre 70 y 120 mmHg. Y a esa presión, la sangre (otro líquido con un punto de ebullición diferente al del agua) no hierve hasta los 47 °C. Y si, por la razón que fuera, alcanzáramos esa temperatura, ya poco podría importarnos lo que le ocurriese a nuestra sangre, porque habríamos muerto abrasados.

Y, ya que estamos en el espacio… A temperatura ambiente nos movemos en una zona comprendida entre el «punto triple» y el «punto crítico». En el punto triple (a 0,01 °C y 6,1173 mbar) coexisten simultáneamente los estados sólido, líquido y gaseoso. En el punto crítico (a 374 °C y 218 atmósferas) deja de existir el estado líquido. Como la sublimación (el paso directo de sólido a gaseoso) ocurre a presiones por debajo del punto triple, en el espacio, el agua pasa del estado sólido al gaseoso directamente. Imagina un cubo de hielo convertido directamente en vapor de agua sin haber estado nunca en estado líquido. Por eso no hay gotitas de agua flotando por el espacio.

He lanzado esta pregunta en las redes sociales: «¿A qué temperatura hierve el agua en la cima del Everest?».

Y vuestra sabiduría ha hablado:

Twitter

@pedagonval: @JesusCalleja seguro que lo sabe!! ☺
@redex: En micro o en olla?

Facebook

Carmen Peñalver Leon: A ninguna. Cuando llegas a la cima ya no tienes agua porque estás tan cansado que te la has bebido toda.
Jose Luis Duran: En el Everest el agua no hierve simplemente porque nadie quiere subir a hervir agua en la punta de la montaña más alta del planeta.

3
¿Cuántos megapíxeles tiene el ojo humano?

Hit me with your flashbulb eyes
Hit me with your flashbulb eyes
You know I've got nothing to hide
You know I got nothing
No, I got nothing

ARCADE FIRE,
Flashbulb Eyes

Oímos con mucha frecuencia hablar de la resolución: televisiones de alta resolución, DVD, Blu-ray, cámaras de teléfono móvil de muchos megapíxeles... Pero ¿qué resolución tiene el ojo humano? Aunque quizá antes deberíamos responder a dos preguntas preliminares: ¿qué es la resolución?, y ¿cómo funciona el ojo?

El término «resolución», dentro del campo de la óptica, se refiere a la capacidad de un instrumento para separar dos objetos en una imagen. Por ejemplo, imaginemos dos estrellas que en el cielo se ven muy juntas (no tienen por qué estar físicamente muy juntas, una puede estar mucho más cerca que la otra, una «detrás de otra», pero pueden coincidir en nuestra línea visual desde la Tierra). Si las miramos con un telescopio de baja resolución, puede que, en vez de verse las dos estrellas, se vean las dos juntas, como un único punto o formando una pequeña mancha. En cambio, si el telescopio tiene más resolución, ofrece una imagen en la que las dos estrellas se ven nítidamente, bien separadas.

Lo mismo ocurre con otros instrumentos, como las cámaras fotográficas. Cuanta más resolución tienen, mejor separan los objetos que se ven, mejor resuelven y, por ende, producen imágenes más nítidas. Una cámara con muy baja resolución puede sacar fotografías que, al ampliarlas, se ven borrosas o pixeladas. Cuando tenemos una fotografía en alta resolución, podemos ampliarla mucho sin que se pixele. Como las imágenes digitales están formadas por píxeles de colores (algo así como los «átomos» de la imagen, sus partes más pequeñas, la menor unidad homogénea en color que forma parte de una imagen digital), entonces, cuantos más píxeles tenga una imagen, más nítida se verá; es decir, tendrá mejor resolución. La mayor ventaja es que una imagen de gran resolución puede imprimirse más ampliada.

Por ejemplo, una cámara puede hacer imágenes rectangulares compuestas por píxeles distribuidos en filas y columnas. Si suponemos que nuestra imagen está compuesta por 1.600 columnas y 1.200 filas de píxeles, todos ordenados, la resolución es el número de píxeles que hay en la superficie de la foto; por tanto, si multiplicamos ambas cifras (1.600 × 1.200), obtendremos 1.920.000 píxeles, o 1,92 megapíxeles (este término te sonará bastante porque es el dato que se da para describir la cámara que lleva incorporado un *smartphone*). Pero, ojo, aunque los fabricantes siempre presumen del número de megapíxeles de sus móviles —cada vez mayor según avanza la tecnología—, también hay que tener en cuenta otros factores que influyen en la calidad de la cámara, como el tamaño del sensor, del píxel, las características de las lentes e incluso el *software* de procesamiento de imágenes.

¿Y el ojo? ¿Tiene píxeles? Veamos, a grandes rasgos, cómo funciona el ojo. La luz cruza la córnea, y atraviesa la pupila (que se contrae o se dilata para regular la cantidad de luz que entra) y el cristalino (algo así como una lente que enfoca la imagen a diferentes distancias). La imagen resultante se proyecta en la retina, que está al fondo del ojo, como una pantalla. La luz que llega a la retina produce unos fenómenos eléctricos y químicos que se convierten en impulsos nerviosos, y el nervio óptico los traslada al cerebro, que se encarga de interpretarlos.

CURIOSIDAD CIENTÍFICA: Como hemos visto, el ojo es un instrumento bastante complejo: capta y enfoca la luz, y luego la transforma en señales eléctricas que, a su vez, el cerebro transforma en imágenes. Alta tecnología. Por eso los creacionistas, que desechan la Teoría de la Evolución de Darwin y, por el contrario, creen que Dios creó el mundo y los seres vivos en siete días, tal y como dice la Biblia, lo utilizan como prueba de un diseño divino. El ojo es tan complicado que ▶

▶ no pudo surgir por medio del azar ciego de la evolución, afirman; el ojo ha sido creado por Dios. Los partidarios del Diseño Inteligente tienen teorías parecidas, pero estos cambian el elemento religioso por una inteligencia superior, una especie de diseñador que, al fin y al cabo, es bastante parecido al concepto de Dios que tratan de evitar.

Sin embargo, no están en lo cierto. Los científicos (por ejemplo, el célebre biólogo Richard Dawkins) han demostrado cómo la selección natural ha dado lugar al ojo, y que, de hecho, no es un instrumento perfecto, sino que muestra los típicos fallos que produce la errática evolución. Hasta el todopoderoso cerebro humano está lleno de estos fallos evolutivos. Si hubieran sido diseñados, estarían bien diseñados, valga la redundancia (a nadie le cabe en la cabeza que Dios pueda ser un mal diseñador).

Volvamos a nuestro tema. En la retina, es decir, en la pantalla que tenemos al fondo del ojo, la luz incide y genera los impulsos eléctricos de los que hemos hablado. ¿Qué hay en la retina? Dos tipos de células fotosensibles, los conos y los bastones, que toman sus nombres precisamente por la forma que tienen. Existen unos cien millones de estos detectores de luz en el ojo humano, de los cuales seis millones aproximadamente son conos y el resto, bastones. Entre estas células se reparten diferentes funciones. Por un lado, los conos se colocan en el centro de la visión y son los responsables de la visión de los colores; los hay que captan luz azul, roja y verde. Por otro, los bastones se colocan más en la zona periférica y lo que captan es el brillo, la intensidad de la luz. Por eso, en la oscuridad, a veces solo detectamos una luz muy tenue (por ejemplo, la luz de *stand by* de un aparato en la lejanía) cuando miramos por el rabillo del ojo. Son los bastones —más periféricos— los que captan ese brillo.

Llegados a este punto ya podemos enfrentar nuestro problema —¿cuál es la resolución del ojo?— teniendo en cuenta, eso sí, que solo podemos intentar establecer una analogía, porque, evidentemente, nuestro ojo no es un dispositivo digital.

Para empezar, resulta problemático comparar un ojo con una cámara, pues el ojo toma imágenes constantemente, se adapta a diferentes ambientes, no suele estar en reposo, etc. Y todo lo que capta, sobre todo las imágenes que nuestro cerebro compone *a posteriori*, ninguna cámara o sistema de inteligencia artificial lo puede reemplazar todavía. De hecho, nuestro ojo se parecería más a una videocámara que a una cámara. No obstante, lo que sí podemos hacer es un cálculo aproximado de su resolución. Hemos dicho que en el ojo hay unos seis millones de conos; así pues, si tomamos una analogía con los píxeles antes mencionados, tendríamos una resolución de 6 megapíxeles. Pero también hay que tener en cuenta los bastones, claro, unos cien millones, lo que daría una resolución total de 106 megapíxeles.

Pero además debemos tener en cuenta la posibilidad de movimiento de los ojos, que abarcan una superficie grande:

pongamos, 120 grados en horizontal y otros 120 grados en vertical. Si cada píxel son 0,3 minutos de arco, saldrían, en total, unos 576 megapíxeles de resolución, según los cálculos realizados por el doctor Roger Clark, del Servicio Geológico de Estados Unidos. Las cámaras de los teléfonos tienen 2, 5, 12, 16 megapíxeles..., y una de las cámaras con mayor resolución del mundo, la Dark Energy Camera (fabricada por el Fermilab con el objetivo de mapear 300 millones de galaxias desde los observatorios de Chile) tiene 570 megapíxeles... y un coste de 35 millones de dólares. Visto así, el ojo humano tendría un precio incalculable.

He lanzado esta pregunta en las redes sociales: «¿Cuántos megapíxeles tiene el ojo humano?».

Y vuestra sabiduría ha hablado:

Instagram:

heichou_bicho: El ojo humano tiene 576 megapíxeles, exceptuando esa vecina/o cotilla cuyo organismo ha evolucionado hasta el punto de que su ojo tiene 20.000 megapíxeles ☺
srtdrea: Tengo miopía, así que digamos que los míos son comparables a la cámara de un móvil de gama baja.
ivancores77: Los suficientes para ver que este año el selectivo va a escocer.

4
¿Qué ley física incumplen las naves de *Star Wars*?

A 600 km sobre el planeta Tierra no hay nada que transmita el sonido. No hay presión atmosférica. No hay oxígeno. La vida en el espacio es imposible.

De la película *Gravity* (2013),
de ALFONSO CUARÓN

No sé la de veces que vi la trilogía inicial de *Star Wars* cuando era pequeño. Aunque lo que realmente me encantaba no era tanto verla como escucharla. Me alucinaba el sonido de los sables láser, cogía cualquier palo que tenía a mi alcance (preferiblemente, una escoba) y no paraba de blandirlo por el pasillo de casa intentando reproducir con la boca cómo sonaban. O cualquier nave que construía (o lo que fuera que más se le pareciese) para hacer que volara y luchara con otra en medio del salón mientras no paraba de emitir soniditos tratando de imitar sus disparos. O las explosiones cuando eran alcanzadas.

Imaginaba cómo los insidiosos Tie Fighters de la Armada Imperial, esas naves que son una bola con algo así como dos paneles solares a los lados, perseguían a los raudos X-Wing de la Alianza Rebelde, reconocibles por sus alas en forma de X, como la que pilotaba Luke Skywalker. Sin duda, algunas de las escenas más características de la saga de *Star Wars* son esas en las que, en las profundidades del espacio interestelar, contra un fondo de titilantes estrellas, se producen trepidantes batallas entre naves espaciales. Se disparan rayos rojos y verdes que producen ese particular ruido láser, también resuenan grandes explosiones.... Un momento: ¿disparos?, ¿explosiones?, ¿ruido en el espacio exterior? Con el tiempo me explicaron, en clase de física, que eso era imposible; que, si saliésemos de la atmósfera de la Tierra, comprobaríamos que nada suena, nos internaríamos en un silencio absoluto, sin ruidos ni explosiones, sin la canción del verano. ¿En serio? ¿Y eso por qué?

El sonido es una onda que percibimos con nuestros oídos cuando esa onda hace vibrar nuestros tímpanos y nuestro cerebro interpreta la señal. Cuando se dan estas circunstancias, oímos algo: una voz, un pitido, un estruendo, Mozart. Pero también es preciso que las ondas tengan un medio por el que propagarse: las olas del mar son ondas que se propagan por el agua; si agitamos una cuerda, las ondas se propagarán por la propia cuerda; si tiramos una piedra a un charco, se propagarán ondas por su superficie, y las ondas sísmicas se propagan por la materia que forma el planeta. Asimismo, las ondas sonoras son ondas de presión que se propagan por el aire, o por el agua, según el medio en el que estemos «sumergidos». En cualquier caso, hace falta un medio para que se propague la onda, que no es más que energía en movimiento que hace vibrar a las moléculas que constituyen dicho medio.

Dependiendo del medio en el que nos encontremos, el sonido se propagará a diferentes velocidades: cuanto más denso sea el medio, mayor será su velocidad, porque las moléculas estarán más cercanas unas de otras. Así, se propaga más rápidamente en líquidos que en gases, es decir, llega antes en el agua que en el aire, lo cual les viene genial a las ballenas para comunicarse más rápido que los humanos, incluso alejadas kilómetros unas de otras en la infinidad del océano. Y, también, más rápidamente en sólidos que en líquidos; por eso, si pusiéramos la oreja en la vía del tren (como hacen los bandidos en las películas del Oeste, cosa poco recomendable), lo oiríamos en la lejanía aunque no lo oyésemos en el aire, porque la vía transmite mejor la presión. Por la misma razón, es más fácil enterarnos de lo que dicen los vecinos si pegamos la oreja al tabique que nos separa de ellos. Aunque tampoco sea recomendable.

Sin embargo, el caso es que no vivimos en el mar, ni continuamente pegados a vigas o paredes, por suerte. Lo que realmente nos afecta es la velocidad en el aire: 340 m/s, 1.225 km/h, la misma que superó Baumgartner y que también superan algunos aviones que viajan más rápido, cuando se dice que rompen la «barrera del sonido». Por este motivo, los aviones supersónicos (por eso se llaman así), si van lo suficientemente rápido, producen un fuerte ruido al superar esa barrera. Habrás visto alguna vez esa foto, la de un caza que parece emerger de una nube por arte de magia. El disco blanco que se forma es vapor de agua condensándose a consecuencia de la onda de choque. Este fenómeno se conoce como «singularidad de Prandtl-Glauert». Incluso lo hace Superman en su última película. Y no solo una vez, sino dos, tres, cuatro, cinco veces consecutivas, a una velocidad ya hipersónica...

CURIOSIDAD POP: El número Mach (M) fue propuesto por Ernst Mach (1838-1916), uno de los más grandes teóricos físicos de su siglo, como una medida adimensional de velocidad relativa. Lo definió como el cociente entre la velocidad de un objeto (V) y la velocidad del sonido en el medio en el que se mueve (V_s). Esta medida nos ha venido genial para que sea más fácil hacerse una idea de las velocidades supersónicas de los aviones. Así, Mach 1 equivale a la velocidad del sonido, Mach 2 es dos veces esa velocidad, etc. Los que hayáis visto *Top Gun* (1986) sabréis a qué me refiero: «Viajamos a Mach 1, Iceman», «A punto de superar Mach 2, Maverick»...

Así pues, en la atmósfera terrestre, o en el mar, o en una piscina, podemos oír sonidos, pero no en el espacio exterior (a partir de unos 100 kilómetros de altura, según la Federación Aeronáutica Internacional), que está vacío, pues no tiene medio por el que propagarse. Bueno, en realidad el espacio no está totalmente vacío: se calcula que existe un millón de átomos de materia por metro cúbico de volumen (puede sonar a mucho, pero es muy poco), y también se encuentran zonas donde hay nubes de gas y polvo o la misteriosa materia oscura. La temperatura ahí fuera es de aproximadamente –270 °C (o 2,7 K). El caso es que hay tan poca materia que difícilmente puede propagarse una onda sonora, igual que tampoco podemos respirar, porque no hay aire.

CURIOSIDAD CIENTÍFICA: El Universo es un lugar bastante inhóspito para la vida: si nos lanzaran ahí fuera al azar, lo más probable es que acabáramos achicharrados en una estrella, congelados en medio de la nada, absorbidos por un agujero negro o atrapados en cualquier planeta no apto para la vida. Solo en esta pequeña isla cósmica que llamamos Tierra se dan las condiciones para nuestra existencia, y eso que también hay lugares altamente hostiles, como los polos, los desiertos, las profundas fosas oceánicas o las más altas cumbres. Por tanto, debemos cuidar esta pequeña playa que tenemos al borde del océano cósmico, como describía el físico Carl Sagan a nuestro planeta.

Teniendo en cuenta todo lo anterior, si asistiésemos a una explosión en el espacio exterior, la veríamos como si nos hubiesen metido algodones en los oídos, como si hubiésemos bajado el volumen a la televisión. Es raro, pero es así. En realidad, el sonido es un fenómeno reservado a muy pocos lugares en el Universo, donde tiene que haber un medio en el que se transmita la onda, un receptor que la reciba (como el oído) y un sistema que la interprete (como el cerebro).

Cierto es que George Lucas no se preocupó mucho de que *Star Wars* fuera consecuente con las leyes físicas que conocemos (por lo demás, tampoco existen robots inteligentes como R2-D2 y C-3PO, o seres alienígenas como Jabba el Hutt o Jar Jar Binks, o al menos no los hemos descubierto), pero no puedo dejar de agradecerle que me hiciera soñar, imaginar otros mundos o hacerme pasar media infancia haciendo ruiditos por toda la casa (mi madre no sé si opina lo mismo). Sin embargo, no todo el género de ciencia ficción es igual. Existe la llamada ciencia ficción «dura» (*hard science fiction*), que trata (aunque no siempre lo consigue) de que, dentro de sus fantasías futuristas o espaciales, se cumplan las leyes científicas. En dicho género cabe encuadrar a autores de corte más científico como Isaac Asimov (autor de la serie de la Fundación o *Yo, Robot*), Arthur C. Clarke (autor de *2001, una odisea espacial*) o Stanislaw Lem (autor de *Solaris* o *Fiasco*). En este sentido, hay algunas películas donde sí se representa correctamente el inquietante silencio del espacio; es el caso de *2001: Odisea del espacio*, de Stanley Kubrick, o la más reciente *Gravity*, de Alfonso Cuarón. En esta última, George Clooney y Sandra Bullock están observando la Tierra desde la Estación Espacial cuando ella le pregunta: «Kowalsky, ¿qué es lo que más te gusta del espacio?». Él la mira profundamente y contesta: «El silencio, doctora Stone, el silencio».

He lanzado esta pregunta en las redes sociales: «¿Qué ley física incumplen las naves de *Star Wars*?».

Y vuestra sabiduría ha hablado:

Instagram:

andejuji17: ¡No se puede viajar a la velocidad de la luz! Pero quién sabe si en los mundos de *Star Wars* las leyes de la física funcionan igual… lo mismo algún día conseguimos ser más veloces que la misma luz… de momento, que la «masa por la aceleración» os acompañe ☺

Twitter:

@jorgegrau19: La ley física incumplida es que Yoda (que es como una rana grande) pueda hablar. La glotis de los batracios no está preparada para hacerlo.

Facebook:

Rakel Gonzalez Ruiz: Que no se puede librar batallas tan largas sin parar para mear… es lo más físico que se me ocurre.

5
Fans del número pi

Todos los círculos del Universo son iguales, solo se diferencian en una cuestión: su diámetro. Si los seres humanos tenemos pelo, color de piel y de ojos, altura, etc., que sirven para caracterizarnos, el diámetro es la única variable que define a nuestros amigos los círculos. Si conocemos su diámetro, lo conocemos todo sobre ellos. En definitiva, círculos los hay más grandes, más pequeños… y poco más. No tienen más misterios. ¿O sí? Hay una curiosa propiedad de los círculos: la razón entre su perímetro (su longitud) y su diámetro es siempre la misma; es decir, si dividimos la longitud de un círculo entre su diámetro, siempre obtenemos el mismo número, sea el círculo del tamaño que sea. Es el famoso número pi (π), igual a 3,1415926… y sus infinitos decimales.

CURIOSIDAD CIENTÍFICA: Hace más de 2.500 años, allá por el siglo VI antes de Cristo, un tal Pitágoras (Samos, *c.* 569 a.C. - Metaponto, *c.* 475 a.C.), considerado el primer matemático puro, solía reunir en Atenas a músicos, astrólogos, matemáticos y filósofos para ▶

▶ debatir sobre el porqué de todo aquello a lo que no encontraban explicación. Se hacían llamar a sí mismos «pitagóricos», usaban el pentagrama (estrella de cinco puntas) como símbolo y aseguraban que los números eran el principio de todas las cosas. Llegaron incluso a inventar los números irracionales (pero exigían a sus integrantes guardar el secreto bajo pena de muerte) y fueron los primeros en demostrar matemáticamente el famoso Teorema de Pitágoras, ya sabéis, aquel que dice que en todo triángulo rectángulo el cuadrado de la hipotenusa es igual a la suma de los cuadrados de los catetos, un teorema que ya usaban babilonios y egipcios siglos atrás y que se venía utilizando desde entonces para obtener ángulos rectos en las construcciones arquitectónicas. Sin ir más lejos, se dice que la pirámide de Kefrén (siglo XXVI a.C.) está basada en un triángulo rectángulo de lados 3, 4 y 5, que, evidentemente, cumple el teorema pitagórico ($3^2 + 4^2 = 5^2$), y fue tan importante para ellos que lo llamaron «triángulo sagrado». Y tan sagrado. Era fácil de construir y le encontraron cientos de aplicaciones, desde la arquitectura hasta la astronomía. Incluso los chinos, a los que Pitágoras seguro ni conocía, también se lo sabían…

Por cierto, ¡¿sabías que «escuela» en griego significaba «ocio»?! Se lo debían de pasar bien en clase, ¿no?

El número pi, la constante matemática más famosa del mundo, tiene un Día Mundial, el 14 de marzo (el mes 3, día 14, como el propio número y como ideó el físico Larry Shaw), los niños lo aprenden en los colegios (en realidad es imposible aprender matemáticas sin conocer pi, y se utiliza constantemente en física o ingeniería) y los científicos se afanan en calcular cada vez más de sus decimales. El número pi es un número irracional, es decir, no puede expresarse como fracción de dos números enteros, como ½ o ¾. Por el momento, se han descubierto unos diez billones de decimales, y los últimos avances son proeza de los ingenieros informáticos Shigeru Kondo y Alexander J. Yee.

El número pi ya lo habían calculado con cierta precisión los filósofos griegos, como Arquímedes, que lo hizo por aproximaciones sucesivas en su obra *Medición del círculo*; de hecho, su nombre viene de la letra pi, que es la inicial de las palabras «perímetro» o «periferia» en griego. En 1748, el insigne matemático Leonhard Euler popularizó el uso de esta nomenclatura en su obra *Introducción al cálculo infinitesimal*. Las aproximaciones al número pi han mejorado con la evolución de las propias técnicas matemáticas y, por supuesto, con la aparición de los ordenadores. Ya en 1946, con la primera computadora ENIAC, que ocupaba una habitación entera y tenía mil veces menos capacidad de cálculo que cualquier *smartphone* actual, se calcularon 2.037 cifras del número (lo hicieron G. W. Reitwiesner y sus colaboradores). La cantidad de cifras ha ido aumentando hasta los diez billones citados más arriba, utilizando ordenadores de última generación. Aunque parezca que los matemáticos calculan decimales de pi como si se tratara de un juego o una obsesión de frikis, lo cierto es que desarrollan métodos novedosos que algunas veces acaban por emplearse en otros campos o disciplinas científicas.

CURIOSIDAD CIENTÍFICA: Por cierto, no hay que confundir el número pi con otro número reseñable, phi, llamado también «proporción áurea», «número áureo» o «divina proporción»: 1,618. Está relacionado con la sucesión de Fibonacci. En esta sucesión, cada número es la suma de los dos anteriores: 0, 1, 1, 2, 3, 5, 8, 13, 21, 34... Con estos números se describe unas espirales que son frecuentes en la naturaleza: en la galaxia espiral, en las conchas de los nautilos o en la disposición de las pipas de girasol (cuando aún están en el girasol, claro).

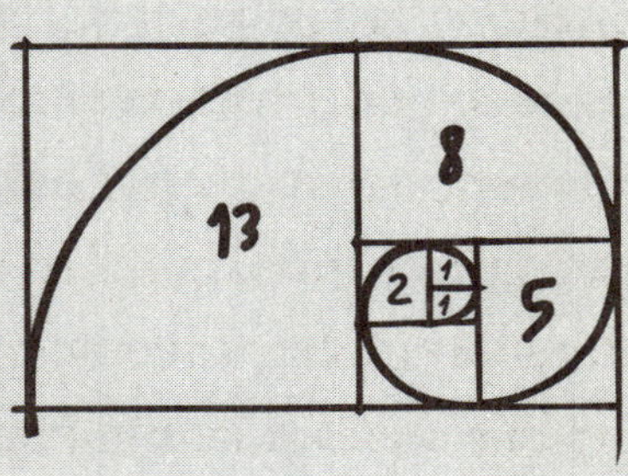

Es curioso el caso del matemático aficionado británico William Shanks, que en el siglo XIX se empeñó en calcular decimales de pi a mano: solo llegó a los 707, y tardó veinte años. Por cierto, solo 525 resultaron correctos, qué pena. De hecho, existe cierta rivalidad por descubrir nuevas cifras de pi y así entrar en la prestigiosa lista de máquinas y personas que buscan los últimos confines de este número infinito, lo cual no deja de ser una paradoja. Para recordar las primeras cifras del número, existen poemas que funcionan a modo de reglas mnemotécnicas; hay quien los llama «piemas». De hecho, hay campeones de la memorística que tratan de aprenderse de memoria el mayor número de dígitos de pi. El campeón es Lu Chao, que guardó en su cabeza 67.890 decimales (*WTF!*) y los recitó el 20 de noviembre de 2005 sin fallar ni uno; tardó 24 horas y 4 minutos. La cantante estadounidense Kate Bush también compuso una curiosa canción recitando 20 decimales del número de marras. Otra curiosidad: como pi tiene infinitos decimales que se suceden sin ningún patrón, es probable que las cifras de tu DNI o tu número de teléfono se encuentren, en el mismo orden, incluidas entre los primeros millones de decimales. Existen incluso páginas web que los buscan por ti; así que tus datos están en pi, pero no puedes denunciar a nadie por haberlos robado. Es la pura naturaleza, que es como es.

En vista de estos fenómenos, no solo matemáticos sino también sociales, Joaquín Navarro, autor de *Los secretos del número π*, habla de una «pimanía» en la cultura popular. Sobre pi se pueden comprar camisetas en internet, afiliarse a un club de amigos del número o visitar una gran estatua que le dedica la ciudad de Seattle, en Estados Unidos. La inquietante película titulada *Pi* (Darren Aronofsky, 1998) relata la peripecia de un matemático paranoico que cree que toda la realidad se puede representar mediante números, de modo que mezcla sus estudios de la Bolsa con la cábala judía y descubre ocultas conspiraciones por las que es perseguido. No es la única película en la que aparece el célebre número: también en *Contact* (Robert Zemeckis, 1997), protagonizada por Jodie Foster y basada en una novela de Carl Sagan, o *Cortina rasgada* (1966), de Alfred Hitchcock, o, claro está, en algún capítulo de *Los Simpson*. También en canciones de The Stone Roses o en poemas de Wislawa Szymborska.

Por todo ello, te animo a que te hagas tú también amigo y fan del número pi. Quién sabe, tal vez algún día te sirva para ser fabricante de platos (de los de toda la vida, los que no son cuadrados), hula hoops o donuts, o para desempeñar otras profesiones (no tan interesantes) como físico, matemático o ingeniero.

6
Dame un fulcro y moveré el mundo

El rey Hierón de Siracusa había construido un enorme barco, dicen que de más de 4.000 toneladas, que quería regalar al rey Ptolomeo de Egipto. Se llamaba *Siracusia* y era algo así como el *Titanic* de la Antigüedad. Tan grande era, que sus artífices se encontraron con un problema que no habían previsto y que era bastante importante: no conseguían botarlo, ¿y de qué sirve un barco varado en tierra? «Dame un punto de apoyo y moveré el mundo», dice la famosa frase atribuida al sabio griego Arquímedes, natural de Siracusa y pionero de la ingeniería. Porque fue a Arquímedes a quien llamaron para liberar la nave en las olas. Y el sabio lo consiguió utilizando un sistema de palancas y poleas.

En efecto, con un punto de apoyo, con una palanca, podemos mover cosas que de otra forma sería mucho más costoso o imposible. Pero, además, un ingenio aparentemente tan sencillo como la palanca ha movido el mundo hacia delante, lo que nos ha permitido mejorar de forma ostensible nuestra vida cotidiana a través de los siglos y, como veremos, también ha posibilitado la creación de diversas ficciones interesantes. Sin la palanca no nos podríamos ni mover.

Una palanca es una máquina simple que consiste normalmente en una barra o una varilla rígida, diseñada para girar sobre un punto fijo denominado punto de apoyo o *fulcro*, la cual se emplea para realizar un esfuerzo. Su principal misión es intentar vencer la mayor *resistencia* (la fuerza que queremos vencer) con la menor *potencia* posible (la fuerza que mueve la palanca); sin embargo, algunas palancas también se emplean para permitir un aumento del desplazamiento o de la velocidad, como puede ser el martillo o la catapulta. Además, tiene su propia ley, la Ley de la Palanca, que relaciona potencia y resistencia en función de la distancia de ambas al punto de apoyo, denominadas *brazo de potencia* y *brazo de resistencia*.

Y ahora, lo mejor: las hay de tres tipos, con cientos de aplicaciones. En las de primer grado, la famosa palanca con la que Arquímedes pretendía mover el mundo (aunque todavía no se ha encontrado un punto de apoyo ni una vara lo suficientemente resistente y larga), la barra se coloca sobre el fulcro que la divide en dos: entre el fulcro y el punto donde aplicamos nuestra fuerza (F) está el brazo de potencia (Bp), y entre el fulcro y el peso que queremos levantar o mover está el brazo de resistencia (Br). Lo interesante de la palanca es que, si el brazo de potencia es largo en

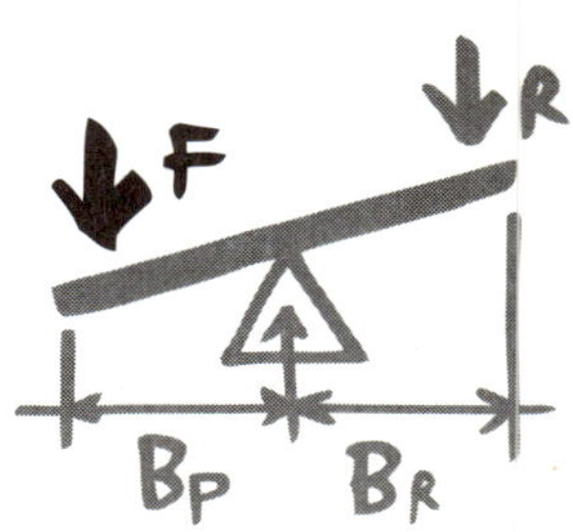

relación con el brazo de resistencia, cuanto más largo sea el brazo de potencia, menos fuerza habrá que hacer para vencer la misma resistencia (R). La imagen clásica es una palanca que consigue mover una roca enorme con un brazo de potencia muy largo y un brazo de resistencia muy corto. Y funciona.

En este tipo se incluyen las tijeras, la catapulta, el balancín o los alicates. Fíjate en el caso de unas grandes tijeras de podar (o unas cizallas). Siempre pensé que los mangos eran más largos de lo normal para poder llegar más alto (al fin y al cabo, debo llegar a las ramas que están más arriba), pero no es por eso: la ley de la palanca es la responsable de semejante diseño. Como la fuerza es inversamente proporcional al brazo de potencia ($F = R \times Br / Bp$), cuanto más largos sean los mangos, más pequeña será la fuerza que debamos hacer para cortar una pesada rama. En cambio, unas tijeras de escritorio los tienen mucho más cortos, por lo que la fuerza necesaria para cortar una hoja de papel será mucho menor. En una conocida escena de *El Señor de los Anillos* se ve cómo unos enormes orcos empujan una palanca, también enorme, para abrir las puertas de Mordor. Los orcos, muy feos pero para nada tontos, colocaron el fulcro cerca del eje de giro, disminuyendo así el brazo de resistencia, para que al tirar de las puertas fuera posible abrirlas ejerciendo una fuerza menor. Mejor una palanca que intentar colocar un pomo en la puerta y empujarla, ¿no?

Las palancas de segunda clase tienen la resistencia entre

el fulcro y la potencia: imagínate una carretilla en la que el peso está entre tus manos y la rueda que se apoya en el suelo; o en hacer la plancha en el gimnasio: tu peso está entre tus brazos, que hacen la fuerza, y tus pies, que, apoyados en el suelo, ejercen de fulcro. Otros ejemplos de este tipo son los cascanueces o abrebotellas, y también el movimiento de los remos en una barca, aunque a primera vista no lo parezca. En este último caso, lo que hace de fulcro es el agua en la que sumergimos el remo, y nos apoyamos en su superficie para mover la resistencia, que es el propio peso de la barca. Ojo, porque intuitivamente puede parecer que el fulcro es el punto de contacto de los remos con la barca, pero no es así; piénsalo una vez más y lo verás claro. Aunque quizá el ejemplo más importante para nuestra vida cotidiana sean nuestros pies: en este caso, el fulcro sería la parte delantera del pie y los dedos, que apoyamos en el suelo; la resistencia, nuestro propio peso, y la potencia, nuestros músculos, los gemelos, que tiran desde la parte del tobillo y el talón. En definitiva, todas estas palancas son muy útiles porque tienen lo que se llama una gran ventaja mecánica, es decir, con poca potencia se pueden vencer resistencias muy grandes. Solo con pensar que nos permiten andar ya soy fan de ellas.

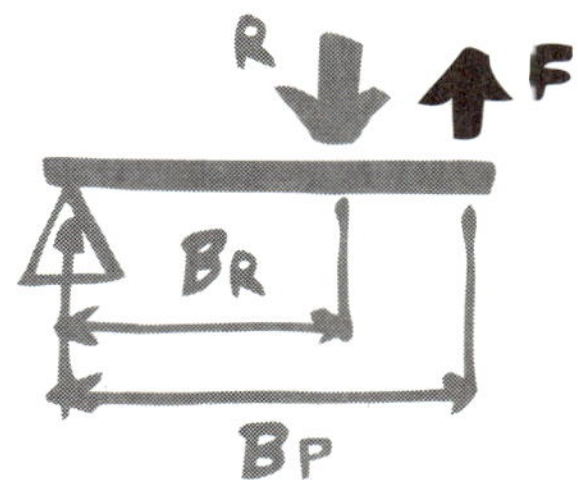

HÉROES SIN CAPA: Hablando de andar, aunque mejor debería decir «casi volar», me declaro fan incondicional de Kilian Jornet, esquiador y corredor de montaña español. Mi admiración no es tanto porque haya ganado muchas medallas de oro en la Copa del Mundo de carreras de montaña como porque la palabra «imposible» no existe para él. Podría enumerarte decenas de sus récords, pero el que realmente me ha impactado es el conseguido en mayo de 2017, cuando subió de una sola tirada y en 26 horas el Everest (8.848 metros) sin utilizar cuerdas fijas ni oxígeno por una ruta que normalmente lleva a los montañeros... más de cuatro días de ascensión. Y lo logró porque no hizo caso a los que le decían que era imposible. Como el mismo afirma: «El secreto está en hacer algo que te excite cada día y no vivir del pasado». Y vaya si lo hace. La fe mueve montañas. En su caso, las devora.

Y el último tipo de palancas, las de tercera clase, son aquellas en que la potencia se sitúa entre la resistencia y el fulcro, y la fuerza se aplica en el medio. Estas presentan una gran desventaja mecánica, porque necesitamos una potencia mayor que la resistencia que debemos vencer. Es el caso de las escobas, los quitagrapas o las pinzas de depilar. Entonces ¿por qué se utilizan? Pues porque no siempre podemos poner el punto de apoyo donde queremos, como en el caso de una caña de pescar, o porque queremos aumentar el desplazamiento o la velocidad, como en el caso del martillo, inseparable amigo cuando afrontamos una mudanza y tenemos decenas de cuadros que colgar. Con un leve movimiento de muñeca, a una determinada velocidad, conseguimos que la punta del martillo se desplace a más distancia y mucho más rápido, generando la energía necesaria para clavar un clavo. Eso en el mejor de los casos y tras un poco de práctica, porque a veces el destinario del golpe suele ser uno de nuestros dedos. Y duele.

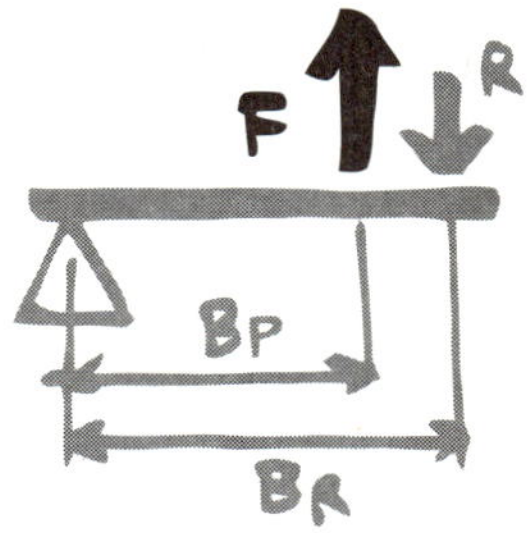

Hay otra palanca de tercer grado en nuestro cuerpo; la utilizamos cuando con la fuerza de los bíceps y el fulcro del codo levantamos una pesa, o una pequeña taza de café.

POP!

CURIOSIDAD POP: El martillo más famoso del mundo se llama *Mjolnir* y es el que empuña Thor, el dios nórdico del trueno. Solo él y algunos superhéroes más han conseguido levantarlo (por diferentes razones, ya que los guionistas de Marvel son únicos dando giros inesperados a sus historias), pero para el resto de los mortales es imposible porque simplemente no tenemos suficiente fuerza. ¿Tan pesado es? La leyenda dice que se ▶

▶ forjó a partir de una estrella agonizante, con lo que solo podía referirse a enanas blancas, estrellas de neutrones o agujeros negros. Suponiendo que es muy muy pesado, nos quedaremos con una estrella de neutrones, la que aportaría mayor masa. Tanta, que una cucharadita pequeña del material obtenido de la estrella pesaría 40 millones de toneladas y *Mjolnir* alcanzaría 5 billones de toneladas, lo justo para que ni siquiera yo pueda levantarlo. Y ahí me pierdo, porque dicha cantidad de masa tendría tal campo gravitatorio propio que sería capaz de atraer hacía sí cualquier objeto que circulara a 10 kilómetros a la redonda, y a tal velocidad que el impacto contra el martillo, simplemente en el suelo, sería mortal para cualquiera. Entre eso y que Thor lo sujeta por el centro, en vez de por el extremo, quizá porque es un dios y le da lo mismo la eficiencia del impacto... Cosas de superhéroes, este con capa.

He lanzado esta pregunta en las redes sociales: «¿Cuánto pesa el martillo de Thor?».

Y vuestra sabiduría ha hablado:

Instagram:

leandro.albero: Según unos cromos que Marvel sacó en 1991 el Mjolnir pesa exactamente 42,3 libras, unos 20 kg...
escuelawellness: Ya me gustaría a mí encontrarme con Thor y preguntárselo en persona 😁

Twitter:

@joseantmazon: thor lo que quieras ajajj.

Facebook:

Javier Rodríguez: Si lo pones en un ascensor ¿sube o no sube el ascensor? El martillo de Thor no se rige por las leyes de la física sino por el irracional sentido de lo divino. Un indigno es incapaz de moverlo del suelo, pero el elegido por el martillo es capaz de liberar todo su potencial y en ningún lado se dice que tenga que estar cachas pero siendo un dios cuesta imaginárselo esmirriado o gordo, aunque este último le pegaría más por lo de los truenos.
Ariel Alexis: El peso del Mjolnir es inversamente proporcional a tu dignidad y tus principios.

Rubén Quintela Cancelo: Buff... ya se sabe que un monThor...

Humberto José González Olivera: Depende. ¿La báscula es digna de levantar el martillo?

Juani Moyano: Una thornelada.

Fernando Hernandez: Es más pesado que Despacito.

Ivan Garcia Luiz: 42.

7
¿Qué probabilidad hay de tener un amigo extraterrestre?

La primera película en la que recuerdo haber llorado, casi desconsoladamente, fue *E. T.*, el mismo día que cumplí diez años. Elliot había encontrado un amigo de verdad, alguien que le entendía sin mediar palabra, infinitamente bueno, sensible, sin ningún atisbo de maldad. Alguien de quien cuidar y que también cuidaría de él si hiciera falta. Genial. Y se marcha a casa. No podía parar de llorar.

Y ya no solo porque tuviera diez años (y porque siempre he sido de lágrima fácil en el cine, que hasta he llorado viendo *Wall-E* e incluso *Frozen* con mi hija), sino porque venía de otra galaxia. ¡Cuántas cosas podría haber aprendido con él! ¿Habría más como E. T.? ¿Sería posible que aterrizara un extraterrestre cerca de mi casa, teniendo en cuenta que siempre caen en Estados Unidos y nunca en Madrid o en Murcia? Demasiadas preguntas y emociones para un niño de diez años, pero entonces me quedó una duda que todavía me persigue.

¿Hay alguien ahí fuera o estamos solos en medio de este enorme vacío cósmico? Es la eterna pregunta que se hace la humanidad. Si encontrásemos vida extraterrestre y si, sobre todo, esta vida fuera inteligente, el hallazgo sería la noticia más importante en toda la historia de la especie humana.

Por el momento no tenemos ninguna prueba de que compartamos el Universo con otros seres vivos. Pero al mirar el firmamento en una noche clara (y en un lugar sin la contaminación lumínica que nos roba el cielo en las grandes ciudades) vemos miles y miles de estrellas, de otros soles como el nuestro, muchos con planetas alrededor donde podría asentarse otra civilización. Y eso que desde la Tierra solo se ve a simple vista una pequeña fracción de las estrellas que realmente existen. Tiene que haber alguien ahí.

¿Cuántas estrellas hay en el Universo? El ojo humano, sin ayuda de telescopios, puede contar unas 5.000 desde la superficie terrestre; pero hay muchas más. Solo en la Vía Láctea, la galaxia espiral en cuya periferia gira el Sol, hay entre 200.000 y 400.000 millones, y en todo el Universo habría 70 sextillones (un 7 seguido de 22 ceros); es decir, más estrellas que granos de arena hay en todas las playas de la Tierra. Una cifra esta que difícilmente nos cabe en la cabeza (por cierto, en el cerebro hay tantas neuronas como estrellas en la galaxia). Además, muchas de esas estrellas podrían tener sistemas planetarios girando a su alrededor que albergaran vida.

La primera vez que alguien trató de teorizar sobre este complicado asunto fue en 1961, cuando el radioastrónomo Frank Drake ideó una sencilla fórmula para estimar el número de civilizaciones que podrían vivir en la Vía Láctea. No quiero abrumarte en este libro con fórmulas matemáticas, pero esta es muy sencilla e ilustrativa del problema al que Drake (y el resto de la humanidad) se enfrenta:

$$N = R^{*} \times f_p \times n_e \times f_l \times f_i \times f_c \times L$$

En esta fórmula, que es una simple multiplicación de varios factores, N representa el número de civilizaciones extraterrestres. A continuación, al otro lado de la igualdad, se van sucediendo los factores que Drake pensó que podrían influir en este cálculo. R^{*} es el número de estrellas que nacen cada año en la galaxia y que tienen una vida lo bastante longeva como para permitir el desarrollo de la vida. f_p es la fracción de estrellas que tienen planetas orbitando a su alrededor. n_e representa el número de planetas que están a una distancia de la estrella que permite condiciones idóneas para la vida; es decir, que no son lugares demasiado cercanos a la estrella (y, por tanto, calientes) o lejanos (y, por tanto, fríos). Están en lo que llamamos la ecoesfera. f_l es la fracción de planetas en los que se desarrolla vida. f_i es la fracción de planetas que han desarrollado una tecnología suficiente para permitir la comunicación con otros mundos. Y, por último, L es el tiempo de vida de una civilización desarrollada.

Esta ecuación es curiosa porque incluye términos que se pueden contar o estimar de forma natural (como el número de estrellas que nacen o la fracción de estrellas con un sistema planetario) con otros términos más, digamos, tecnológicos y sociológicos, los que tienen ver con el desarrollo de tecnología de comunicación o el tiempo de vida de una civilización.

El último de los componentes, representado por *L*, se refiere a la capacidad de autodestrucción de una civilización; por ejemplo, una civilización es más capaz de destruirse a sí misma cuando desarrolla bombas nucleares. Este número se incluye porque, si una civilización se destruye, no podremos contactar con ella. Para Drake, una civilización podría emitir señales durante 10.000 años; sin embargo, no sabemos si se trata de un cálculo demasiado optimista: hay quien dice que una civilización avanzada solo existiría 400 años, o incluso 100. También hay quien dice que la civilización humana se destruirá en menos de 50 años. Qué miedo.

Según los cálculos de este científico, utilizando su ecuación, en la Vía Láctea podríamos detectar diez civilizaciones al año. Otras estimaciones más realistas, como la del escéptico Michael Shermer, han determinado que solo detectaríamos una civilización cada 70 millones de años. La Teoría de Olduvai dice que una civilización avanzada solo sobrevive 100 años; en ese caso, podríamos detectar una civilización alienígena cada 1.000 millones de años. En definitiva, la ecuación aún espera tener una solución fiable, porque el valor de la mayoría de los factores, no solo de *L*, está en proceso de discusión.

Frank Drake fue, asimismo, director del programa SETI (Search of Extraterrestrial Intelligence), que, como su nombre indica, se dedica a buscar vida extraterrestre inteligente. En el SETI se pasan los días escudriñando las ondas de radio del cielo en busca de alguna señal proveniente de alguna civilización lejana, por el momento sin éxito. Aun así, en una conferencia celebrada en 2012, los especialistas de este programa auguraron que esa señal se encontraría en veinte años.

Los astrónomos ya han descubierto miles de exoplanetas en estrellas lejanas (se anuncian nuevos descubrimientos casi cada semana), algunos de los cuales serían aptos para la vida. Uno de los últimos sistemas hallados es el de la estrella Trappist 1, una enana roja fría (con un 9% de la masa del Sol) a unos 39 años luz de la Tierra (la luz, a su enorme velocidad, tardaría 39 años en alcanzarlo). Alrededor de esta estrella orbitan siete planetas: tres o cuatro de ellos están en una zona templada donde podría existir agua (lo que antes llamamos la ecoesfera y que aparece en la ecuación de Drake). Después de este descubrimiento tan cercano a nosotros, y dado que las estrellas pequeñas y frías como Trappist 1 abundan, podrían existir muchos más planetas habitables cercanos a la Tierra de lo que pensábamos. Quizá pronto podremos conversar con alguien a través del Universo.

¿Nos estarán buscando a nosotros otras civilizaciones? Tal vez. Pero mandarles mensajes puede ser peligroso, como señaló recientemente John Gertz, presidente de la fundación que financia el SETI. En su opinión, está bien que escuchemos, pero otra historia es que nos pongamos a decir cosas, como si el espacio interestelar fuese una red social. Hay partidarios del llamado SETI Activo, esto es, la emisión de señales de radio diciendo «hola»; para Gertz, sin embargo, esta práctica es «imprudente, no científica, potencialmente catastrófica y poco ética». Además, argumenta, este tipo de acciones son diplomacia no autorizada y está prohibida por las Naciones Unidas. Por tanto, recuerda: si recibes un mensaje extraterrestre, debes consultar a las autoridades antes de contestar. También si encuentras a E. T.

HÉROES SIN CAPA: Cecilia Payne estudió inicialmente botánica, física y química en la Universidad de Cambridge. Ante la imposibilidad de conseguir un título en su país, por ser mujer, abandonó Inglaterra en el año 1922 rumbo a Estados Unidos. Allí se integró en el grupo de trabajo de Annie Jump Cannon en el Harvard College Observatory, formado exclusivamente por mujeres, que llegaron a catalogar espectralmente más de 250.000 estrellas. En 1925 llegó a la conclusión de que las estrellas estaban compuestas por hidrógeno y helio. Su tesis doctoral se considera la más brillante jamás escrita en astronomía. Durante décadas no tuvo un puesto oficial en Harvard. Murió el 7 de diciembre de 1979, pero antes dejó una cita que resume el espíritu de todo científico: «La recompensa del científico joven es la emoción de ser la primera persona en la historia del mundo que ve o entiende algo. Nada se puede comparar con esa experiencia».

Eso sí, mensajes al espacio como botellas que se arrojan al mar cósmico ya hemos lanzado. La sonda Voyager, que despegó en 1977 y ya ha salido del Sistema Solar, lleva unos particulares discos de oro en los que se incluye información sobre la Tierra para otros seres alienígenas. Algo así como «la humanidad para *dummies*». El proyecto fue dirigido por el famoso astrónomo Carl Sagan y contiene saludos en 55 idiomas, incluyendo cuatro dialectos chinos y el esperanto. Hay otros sonidos típicamente terrestres, como latidos del corazón, trenes, volcanes, lobos, fuego o besos. Además, se incluyen 116 fotografías: planetas del Sistema Solar, partes del cuerpo, delfines, cocodrilos, recolectores de uvas, cazadores bosquimanos o un retrato de Jane Goodall con sus chimpancés. La Voyager todavía tardará 40.000 años en alcanzar los alrededores de otro sistema solar. Quién sabe, quizá algún día recibamos respuesta.

He lanzado esta pregunta en las redes sociales: «¿Qué probabilidad hay de tener un amigo extraterrestre?».

Y vuestra sabiduría ha hablado:

Instagram:

juanma.1999: Las mismas de encontrarse a un amigo en el metro.
tonyrivas_01: Ni probabilidades de tener uno aquí tengo... mejor ni respondo 😂

Twitter:

@EduarCod: Si no tengo amigos terrícolas voy a tener uno extraterrestre. 😆

Facebook:

Irving Parra: Cuando hayamos descubierto el Universo entero sabremos si lo tenemos o no; mientras tanto, tenemos y no tenemos un amigo extraterrestre.
Graciano Etchechoury: Si tenemos en cuenta que de niños nos han dicho que al morir nos vamos al cielo, tal vez seamos todos extraterrestres.

8
Los colores no existen

Cuando voy a una tienda de ropa y me dan a elegir entre un jersey azul marino y uno negro, me quedo un buen rato como absorto, mirándolos, el uno y el otro, muchas veces y con mucha atención. Los demás piensan que estoy teniendo algún tipo de revelación o iluminación textil. ¿Qué le pasará a este? La realidad es que soy algo daltónico y eso me obliga a necesitar ayuda casi siempre para poder distinguir uno de otro. Como no siempre la he pedido, en mi armario hay cuatro camisas negras y una azul marino. Y lo mismo me pasa con los jerséis. Tampoco es que me guste más el negro o crea que me queda mejor. Y lo peor no es eso. Deberías haber visto las risas de mi hija el día que llegué a casa con mis gafas nuevas, que yo pensaba que eran grises plateadas. Por lo visto, son de color lila.

En física, el término «luz» se considera como parte del campo de las radiaciones conocido como espectro electromagnético; sin embargo, lo que nosotros llamamos comúnmente luz es solo una parte de ese espectro, aquella que puede

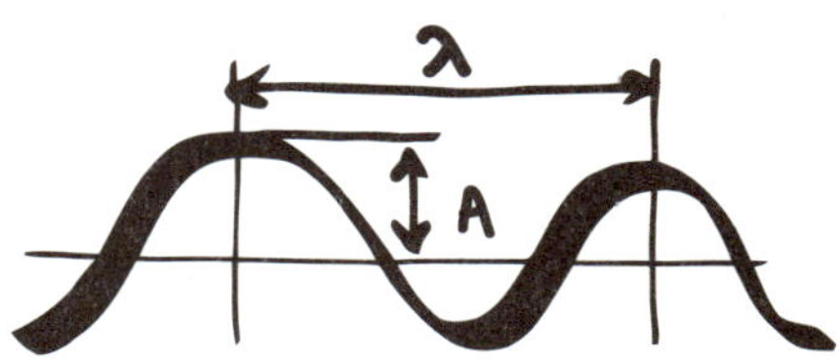

ser percibida por el ojo humano. Como todas las radiaciones electromagnéticas, está formada por partículas elementales desprovistas de masa denominadas fotones, cuyas propiedades, de acuerdo con la dualidad onda-corpúsculo, explican las características de su comportamiento físico. Y, como toda onda, en este caso esférica, tiene propiedades que la definen, como la amplitud, la frecuencia o la longitud de onda, que es la distancia real que recorre una perturbación en un determinado intervalo de tiempo, la distancia entre dos máximos consecutivos.

Dicho esto, los colores en realidad no existen. Simplemente son la forma en que el cerebro interpreta las diferentes longitudes de onda que le llegan a través de los ojos y el nervio óptico. Cuando digo que no existen, me estoy refiriendo a que no hay nada en los objetos que los haga precisamente de su color; lo que les confiere el color es la luz que reflejan. Si el espectro visible es como un arcoíris, una manzana roja es la que refleja la luz roja hasta nuestros ojos y absorbe el resto. Un jersey azul es el que refleja la luz azul y absorbe los otros colores. La sensación del color solo existe dentro de nuestras mentes, es nuestra forma de ver el mundo, pero fuera de nuestros cerebros los colores no existen como tales. De este modo, podría haberle dicho a mi hija, para defenderme, que mis gafas no son lilas, que simplemente reflejan más ese color, la longitud de onda que caracteriza al lila. Pero se estaba riendo como loca, era su momento, y siempre he pensado que es importantísimo saber reírse de uno mismo. Así que la dejé disfrutar.

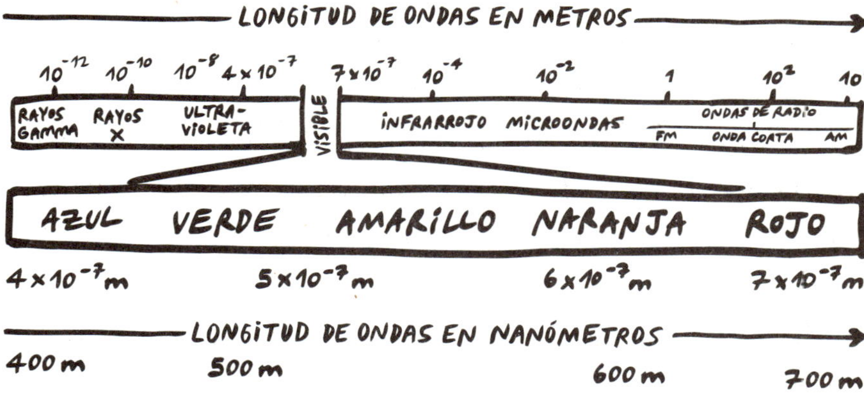

Digamos que, si estamos a oscuras, si no hay luz que reflejar, las cosas no son de ningún color. El negro es, precisamente, la ausencia de color. Cuando algo es negro es porque absorbe todas las frecuencias (por eso la ropa negra da más calor); en cambio, el blanco es la suma de todas las frecuencias: una camiseta blanca es más fresquita porque refleja toda la luz y no absorbe ningún color (de ahí que la indumentaria de la gente en Ibiza sea mayoritariamente blanca).

Lo inquietante es pensar que lo que llamamos color azul quizá no sea lo mismo para ti que para mí; sería posible que tú vieras el mar como yo veo el color rojo, pero tú llames a ese color azul, porque los has aprendido así. Como estamos encerrados dentro de nuestras mentes, esto es difícil de comprobar. ¿De qué manera le explicarías a otra persona cómo ves tú el color rojo? ¿O cómo le explicarías los colores a un ciego de nacimiento?

Dentro del espectro visible tenemos desde el rojo (cuya longitud de onda está en torno a los 700 nanómetros) hasta el violeta (cuya longitud de onda está en torno a los 400 nanómetros); y, entre ellas, el resto de los colores, ordenados por su longitud de onda, que es la responsable de la secuencia de los colores del arcoíris y de todos los tonos que puedes percibir ordenados en un atardecer.

CURIOSIDAD CIENTÍFICA: Cuando los rayos del sol atraviesan pequeñas gotas de agua contenidas en la atmósfera terrestre, la luz solar se descompone por refracción en el espectro visible. Por eso se forma el arcoíris, cuando la humedad del ambiente y el ángulo de incidencia de los rayos del sol lo permiten. El gradiente de colores espectrales es continuo, pero se agrupan fundamentalmente en siete colores principales, por este orden: rojo, naranja, amarillo, verde, cian, azul y violeta.

Fue Isaac Newton, con la ayuda de un par de prismas que se utilizaban en los juguetes de la época (año 1667), el primero en conseguir descomponer la luz solar, aun sin saber bien por qué (por entonces, todavía no se conocía la naturaleza ondulatoria de la luz). Lo curioso es que dio otra secuencia (rojo-naranja-amarillo-verde-azul-añil-violeta) diferente a la reconocida en la actualidad. ¿Por qué siete colores, por cierto, si se distinguen muchos más? ¿Alguien sabe realmente qué color es el añil? ¿Como mis gafas? De hecho, podría haber determinado seis u ocho, pero el peso de la cultura griega, donde el número siete es fundamental, ▶

▶ todavía era muy importante. ¿O acaso piensas que también es casualidad que Pitágoras fijara en siete las notas musicales o que el siete fuera un número común en los cuentos infantiles tradicionales? ¿Verdad, Blancanieves?

CURIOSIDAD POP: Bien sabía esto Storm Thorgerson, estupendo diseñador gráfico británico que realizó cubiertas de discos para Peter Gabriel, Led Zeppelin, The Cranberries… y Pink Floyd, allá por 1973. Y para los *trekkies*, Bob Peak también lo tuvo presente para el cartel de la película *Star Trek* en 1979. Asimismo, aparece en el segundo logo de Apple allá por 1976, encargado por Steve Jobs al diseñador Rob Janoff, solo un año después del original, en el que, cómo no, aparece Newton.

Todo esto me hace sospechar que en los setenta el arcoíris era algo más que un fenómeno óptico y meteorológico…

A longitudes mayores que el rojo tenemos los infrarrojos o las ondas de radio, que nos resultan invisibles. A longitudes más cortas que el violeta tenemos los ultravioletas, los rayos X o los rayos gamma, que también son invisibles y muy energéticos, por eso pueden causarnos daño. De toda la luz que existe, solo podemos ver la estrecha franja entre el rojo y el violeta. Eso sí, el resto de las frecuencias es posible detectarlas con aparatos. Por ejemplo, con las cámaras de infrarrojos podemos ver personas en la oscuridad, como hace Terminator, porque los seres humanos, debido a nuestra temperatura, emitimos luz en frecuencias infrarrojas. Es como si nuestro cuerpo brillara dependiendo del calor que emite. Lo saben muy bien las serpientes, las pirañas y los mosquitos, dotados con la capacidad de detectar el espectro infrarrojo. Por eso siempre terminan por encontrarte, aunque estés a oscuras.

Y llegamos a mi visible incapacidad para distinguir convenientemente algunos colores, sobre todo los que contienen matices azules (curiosamente, mi color favorito). El daltonismo es una prueba de que la luz depende de cómo se mire y de que no todos vemos igual. Esta condición, identificada por el matemático y químico John Dalton (de ahí el nombre), tiene causas genéticas y es hereditaria, y es más común en los hombres (afecta a un 8%) que en las mujeres (0,5%). Dentro del daltonismo hay una amplia variedad: desde personas que no pueden ver ningún color (acromatopsia) hasta otras con ligeros problemas para distinguir colores como el rojo, el verde o el azul, los llamados primarios, que Newton identificó en su *Óptica* de 1704.

La causa del daltonismo tiene que ver con los receptores de la retina (ya mencionados en un capítulo anterior): los bastones y los conos. Mientras que los bastones sirven para medir el brillo y distinguir entre el negro, el blanco y toda la escala de grises, los conos son los responsables de distinguir el rojo, el verde y el azul, a partir de los cuales componemos los demás. De ahí las siglas en inglés RGB (*Red, Green and Blue*) que encontramos en los proyectores de cine, los tubos de imagen de las antiguas televisiones o muchas de nuestras impresoras láser. O que todos los colores para un informático o un diseñador gráfico se limiten al valor numérico entre 0 y 255 que asignan a tres variables que definen un color determinado. Esa es la razón por la cual inicialmente solo podían distinguirse en una pantalla 216 colores (6 elevado a la potencia de 3). El predominio de los monitores de 24 bits permite en la actualidad mostrar 16,7 millones de colores. Del mismo modo, en el ámbito de las artes gráficas se usa la escala Pantone, que asigna un código a cada color. Es muy útil si vas a pintar tu casa o quieres definir el color corporativo del logo de tu empresa. Pero no hay un receptor en nuestras retinas para el color amarillo, sino que este es una mezcla del rojo y el verde. Los daltónicos tienen modificaciones en los genes que se encargan de producir los pigmentos de los conos, y la dificultad de ver un color u otro depende del déficit de pigmento correspondiente.

Ya fuera por mi daltonismo o no, siempre me ha intrigado el mundo de los colores; por ejemplo, la cantidad de rojos diferentes que se puede ver en la sección de pintalabios (entre ellos, el *russian red*, del que tomó el nombre una famosa cantante española); o la leyenda —no sé si real o no— de que los inuit, al vivir en las llanuras heladas, pueden distinguir diferentes tipos de blanco que para otros resultan indistinguibles (como es mi caso, que soy incapaz de distinguir si una pared está pintada de blanco roto, blanco hueso o blanco nuclear).

Además, me fascina el uso que la naturaleza hace de ellos. Los animales utilizan los colores para no ser vistos (como el camaleón y su capacidad de camuflaje) o, al contrario, para ser muy vistos, lo que tiene diferentes explicaciones: desde parecer más atractivos al sexo opuesto hasta advertir de su peligrosidad (mucho ojo con ellos, ya sean las avispas o algunas serpientes venenosas); eso sin contar con que la pigmentación de la piel de un animal puede servir para protegerlo de los rayos solares. A los seres humanos, que somos muy raros, esto último nos encanta e invertimos mucho dinero en ese sentido; lo denominamos «ponernos morenos». Los llamativos colores de las flores sirven para atraer la atención de los pájaros y las abejas que las ayudarán a reproducirse; cuanto más atractivas, más fácil será la polinización. Y, de paso, nos permiten jugar con toda una gama de colores florales muy útil si tenemos que decorar una casa o hacer un regalo.

CURIOSIDAD CIENTÍFICA: Uno de mis animales favoritos es el camarón mantis (y no porque me recuerde a Wall-E, que también). Vive en Australia, en la Gran Barrera de Coral, y posee la visión más compleja conocida por la ciencia. Esto es así porque sus ojos poseen doce tipos diferentes de fotorreceptores ▶

▶ (ya hemos visto que nosotros solo tenemos tres), y pueden distinguir la luz polarizada y radiaciones que se adentran en el infrarrojo y el ultravioleta. Además, cada ojo, que puede moverse individualmente, está dividido en tres partes, cada una con una seudopupila, lo que le permite ver tres imágenes de la presa al mismo tiempo. Esto le proporciona una visión trinocular y una excepcional percepción de la profundidad, tan excepcional que investigaciones científicas están estudiándolos para mejorar tecnológicamente nuestros dispositivos de DVD. Después del Blu-ray, ¿el siguiente paso serán los *Gonodactylus smithii*, nombre científico de este crustáceo?

Podría dejarlo ahí, pero es que ahora viene lo mejor. Uno de sus primos, el camarón pistola o camarón armado, cuando presiona con sus pinzas el agua, ejerce tal compresión, rápida e intensa, sobre las burbujas de agua que atrapa entre ellas, que genera una onda de choque y sonoluminiscencia capaz de calentarlas a casi 6.000 °C, la temperatura de la superficie del Sol. Las ondas de impacto dirigidas hacia sus presas hacen que estas mueran o caigan aturdidas al instante por el efecto del «disparo». Pocas paredes de cristal de los acuarios se les resisten si no están reforzadas. Todo un francotirador de élite en pleno arrecife de coral.

9
¿Cuántos elefantes pesa una nube?

De pequeño veía todas las nubes con forma de oso, no me preguntéis por qué. Quizá me impactó demasiado la serie de dibujos animados de *Jackie y Nuca*, los oseznos grizzlies del bosque de Tallac, mellizos, como mi hermana Silvia y yo, perdidos en el bosque después de que un cazador matara a su madre. Pobrecillos. El caso es que a mi hermana no debió de impactarle tanto. Ella veía conejos, setas, niñas, cohetes, hasta coches deportivos, todos fabricados en blanco algodón de azúcar.

Casi todos hemos jugado a tumbarnos en la hierba, mirar al cielo y encontrar figuras en las nubes. Muchas veces no hay consenso: donde uno ve la cabeza de un dragón, otro ve un koala; no hay manera. Además, los procesos atmosféricos hacen que las nubes vayan cambiando de forma con el tiempo, se deformen, se muevan o desaparezcan. Mirar a las nubes nos habla, pues, de la fugacidad de todo lo que existe, de la velocidad con que todo muta en el Universo.

A día de hoy, no juego a adivinar figuras en las nubes (quizá debería hacerlo, no sé), pero vuelo habitualmente en avión, y me sorprende el modo en el que dominan el espacio aéreo, cómo dibujan atardeceres y amaneceres diferentes, lo diminuto que puede llegar a ser un Boeing 747 a su lado. Pero si a ti te gusta mirar a las nubes (o siempre estás allí), que sepas que no estás solo. En la Península Ibérica existe una Asociación Ibérica de Observadores de Nubes (búscalos en Facebook) y

se celebran congresos a nivel nacional e internacional. Uno de los observadores más prominentes es Gavin Pretor-Pinney, autor del delicioso libro *Guía del observador de nubes* y fundador de la Cloud Appreciation Society. En su libro, Pretor-Pinney defiende la aparentemente inútil actividad de mirar a las nubes y explica las diferentes tipologías de nubes que podemos encontrar en el cielo: los cirros, los estratos o los temibles cumulonimbos, algo así como un gran yunque colgando del cielo del que salen las tormentas.

Pero ¿qué es exactamente una nube? Las nubes son concentraciones de vapor de agua condensado en forma de pequeñas gotas, cristales de hielo o copos de nieve (dependiendo de la temperatura) que provienen de la evaporación del agua de la superficie, sobre todo de los océanos, por la acción de la energía solar. Estas gotas o cristales son tan pequeñas (entre 0,2 y 0,3 milímetros) que flotan en el aire; solo cuando crecen debido a las bajas temperaturas y alcanzan el milímetro (o más) se convierten en lluvia y caen sobre nuestras cabezas o nuestros paraguas. Son uno de los eslabones del ciclo del agua: el agua se evapora y forma las nubes, de las nubes sale la lluvia y el agua regresa a la superficie para volver a evaporarse en un ciclo sin fin. En mitad de este proceso aparecemos los seres humanos, que utilizamos el agua de los ríos y la volvemos a verter en el ciclo.

Además de su papel fundamental en este ciclo, las nubes cumplen otras funciones, como redistribuir la energía solar, con lo que se logra uniformizar la temperatura en el planeta. Se denomina albedo la reflexión de la luz solar que propician las superficies más claras de la Tierra, como las zonas recubiertas de hielo y nieve o las propias nubes (que contribuyen en un 22 %): la luz del sol rebota en ellas y no calienta el planeta. Aproximadamente un tercio de la energía solar se refleja. Por otro lado, las nubes también causan el efecto invernadero, al devolver al planeta una porción de la emisión infrarroja que este genera; dicho de otro modo, las nubes contribuyen a enfriar la Tierra, por un lado, y a calentarla, por otro; aunque, teniendo en cuenta los dos fenómenos, el efecto neto es de enfriamiento.

Las nubes se forman en las zonas de la atmósfera con baja presión. Ahí el aire caliente asciende hasta llegar a una temperatura (más fría) en la que el contenido en agua del propio aire se condensa y se forman las nubes. Dependiendo de factores como la altura, la temperatura o la presión, se formarán de un tipo u otro. Por tanto, las nubes, aunque a veces parezcan sólidas y esponjosas, no solo son, como se puede comprobar cuando vamos en avión y las atravesamos. Ignoro qué tipo de nube era la que cabalgaba Son Goku en *Bola de dragón* y que lograba sostener su peso. Y las de Heidi, que se pirraba por perseguirlas.

Hay un aspecto de las nubes, precisamente el que acabo de contar, que me llama la atención: ¿por qué se ven sólidas si son más parecidas a un gas? Si las nubes fuesen solo vapor de agua, difícilmente las podríamos ver, porque normalmente este gas es invisible. Y sería una pena, por cierto. Como hemos dicho, las nubes son pequeñas gotas y cristales; al recibir la luz del sol, la dispersan, reflejando todos los colores que hacen la luz blanca y dando a la nube ese aspecto blando y acolchado. A veces las nubes son más oscuras, de un gris intenso, a las que llamamos «nubarrones» y que han sido fuente de malos presagios en el horizonte. Este efecto ocurre simplemente cuando las nubes son demasiado densas y la luz no las puede atravesar con facilidad. Las grandes nubes de tormenta llegan a tener 20 kilómetros de diámetro y son opacas. Así que no vamos desencaminados cuando vemos nubes negras y auguramos que va a llover.

Ahora sí creo que sabemos lo necesario sobre las nubes (incluso algunas cosas más) para afrontar la pregunta inicial: ¿cuántos elefantes pesa una nube? A simple vista, con ese aspecto algodonoso, se diría que no pesan demasiado; quién sabe si podríamos sostenerlas entre nuestros brazos. En cambio, la realidad es bien distinta. Recordemos que las nubes están hechas de agua, y que el agua pesa (bastante, además: de hecho, 1 litro de agua pura en condiciones normales pesa casi exactamente 1 kilogramo). Y, si no, que nos lo pregunten cuando acarreamos botellas de agua desde el supermercado. Evidentemente, todo dependerá del tamaño de la nube, que no hay dos iguales, así como del resto de los gases o del material en suspensión que contienen en su interior.

Lo genial es que, aunque la lógica nos lleve a pensar que su masa en el Sistema Internacional debería darse en kilogramos, es frecuente que se use una particular medida para cuantificar el peso de las nubes: los elefantes. Según ha calculado el Centro Nacional para la Investigación Atmosférica de Boulder (Colorado, Estados Unidos), un cúmulo medio (una de las nubes más comunes) suele pesar alrededor de 100 elefantes (teniendo en cuenta que un elefante medio pesa unas 6 toneladas), y los cumulonimbos, las grandes nubes de tormenta, pueden llegar a la friolera de 200.000 elefantes. Menos mal que la lluvia cae poco a poco de las nubes y no nos cae encima de golpe; entonces sería como un bombardeo que destruiría pueblos y ciudades, nos aplastaría. Afortunadamente, todo su peso está distribuido en pequeñas gotitas que pesan poquísimo, lo cual nos puede dar una idea de cuántas de estas gotas son necesarias para formar una nube: suponiendo que 20 gotas de agua equivalen a 1 mililitro, nuestro cumulonimbo albergaría 24 billones de gotas. Ahora imaginémoslas todas juntas, suspendidas en el cielo, como 200.000 elefantes, formando una nube. O un dragón, o un osito.

He lanzado esta pregunta en las redes sociales: «¿Cuánto pesa una nube?».

Y vuestra sabiduría ha hablado:

Instagram:

rociiifeliz: Las nubes son de agua. No? Pues pasando litros a kilogramos.

Twitter:

@AliciaFiesta: Según el animal al que se parezcan.
@pedagonval: Roberto 6 años: «Pesan muy poco, si no se caerían al suelo. Son como esponjas».

Facebook:

M José Labrado: Mi marido dice: «dime qué nube y ya veré si te lo puedo calcular».

10
Los zurdos no somos tan raros
Bueno, un poco

Soy zurdo, y a lo largo de mi vida he tenido que lidiar con un mundo diseñado en mi contra. Lo más evidente es lo complicado que resulta escribir de derecha a izquierda, sobre lo recién escrito en el papel, manchándome siempre de tinta si no ando con cuidado. Y escribo muy raro, en complicados escorzos, haciendo enrevesados giros en el aire, sobrevolando las letras. Por eso nunca pude utilizar una pluma y, lo que es peor, esos maravillosos bolígrafos que podían borrarse y que tenían todos mis compañeros en el colegio, los mismos compañeros que se enfadaban conmigo en los exámenes porque al tapar sin querer lo que escribía no podían copiarme. Eso por no hablar de lo dificilísimo que es para un zurdo usar con la mano derecha un abrelatas o unas tijeras, diseñadas para ser diestro. O cómo incordiamos sentados a la mesa, con el cuchillo y el tenedor cambiados de mano, golpeando con nuestro codo el de quien nos ha tocado al lado. Cuando voy a comer a casa de mis padres, esto no supone un problema porque siempre me siento junto a mi hermano, que también lo es. Y, si no, me queda la opción (que suelo pedir) de sentarme en una esquina.

En mi trabajo habitual, grabando vídeos en una pizarra, ser zurdo es lo mejor. Esta vez, en contra de lo que ocurre cuando escribo en un papel, afortunadamente no tapo lo que escribo y «mis unicoos» pueden seguir mis explicaciones sin mayor problema. Hablando de YouTube y de zurdos, ¿será casualidad que JulioProfe, otro profe de matemáticas (y muy bueno), sea también zurdo?

Supongo que por detalles como estos y otros que se me escapan, durante mucho tiempo ser zurdo era un estigma, incluso se creía que tenía cierto carácter maligno, y por eso a los zurdos se trataba de convertirlos en diestros desde pequeños (la palabra «siniestro» —perverso, malintencionado— viene del italiano *sinistra*, que significa «izquierda»).

Pero los zurdos molamos: nos adaptamos, superamos obstáculos continuamente. Algunos conoceréis la frase de Darwin: «La especie que sobrevive no es la más fuerte, sino la que mejor se adapta a los cambios». Y a lo largo de la historia ha tenido incluso su halo de romanticismo, cuando la figura del zurdo estaba ligada a la creatividad y la genialidad. Una ventaja definitiva es que podemos usar sin rubor esas camisetas con los nombres de zurdos ilustres: Albert Einstein, Marilyn Monroe, Barack Obama, Lady Gaga, Marie Curie o Jimi Hendrix, que tocaba al revés una guitarra para diestros, creando una imagen icónica; y hay muchos más, entre un 10 % y un 15 % de la población. Hasta tenemos nuestro Día Internacional de la Zurdera, el 13 de agosto.

¿Por qué hay personas zurdas? La razón ha permanecido siempre en el misterio, no está del todo claro, pero van apareciendo investigaciones que intentan poner luz sobre el tema. Tradicionalmente se pensaba que la zurdera tenía que ver con la actividad en el hemisferio izquierdo o derecho del cerebro durante el desarrollo del feto. Recientemente, investigadores de la Universidad Ruhr de Bochum (Alemania) han observado que no tiene tanto que ver con el desarrollo del cerebro como con el de la médula espinal. Se sabe que a las ocho semanas de gestación ya existen diferencias genéticas entre zurdos y diestros; se trata de la expresión de ciertos genes de la médula espinal que controlan los movimientos de las extremidades. Vamos, que, si alguna vez pensaste que te hacías zurdo o diestro al ponerte a escribir en el colegio, no estabas en lo cierto, porque la cosa viene de mucho antes; para ser precisos, de antes de nacer. Existe otro estudio revelador: se comprobó de qué mano era el dedo que chupaban los nonatos en el útero materno, y a los diez años se volvió a contactar con ellos; los resultados fueron los siguientes: el 100 % de los que usaban la mano derecha eran diestros, y solo el 67 % de los que usaban la izquierda eran zurdos. Aunque no solo influye la genética, pues hay otros factores que no vienen determinados por nuestros genes, sino por el conjunto de reacciones químicas que pueden modificar la actividad del ADN sin alterar su secuencia. Se le llama epigenética.

El cerebro controla el cuerpo de un modo cruzado. El

hemisferio izquierdo, el que controla los movimientos del lado derecho del cuerpo y el que predomina en todos los diestros, está asociado a las funciones del habla, la escritura, la numeración, las matemáticas y la lógica. Sin embargo, en el caso de los zurdos es más complejo, por eso somos diferentes. La mitad de los zurdos, los zurdos homogéneos, presentan predominancia del hemisferio derecho, que gobierna tantas funciones especializadas como el otro, pero elabora y procesa la información de forma distinta, sin utilizar mecanismos convencionales para analizar los pensamientos. El hemisferio derecho es integrador, centro de las facultades visuoespaciales no verbales, especializado en sensaciones, sentimientos y habilidades especiales como el acento y la entonación de las palabras, u otras visuales y sonoras como las relacionadas con el arte o la música. Además, concibe las situaciones y las estrategias del pensamiento de una forma total, menos segmentada. Y, como decía, la cuestión se complica porque la otra mitad de los zurdos, los zurdos parciales, presentan lateralidad simétrica; si bien un hemisferio cerebral puede predominar, solo es de forma muy leve. Es mi caso, por ejemplo, que, aun siendo zurdo para casi todo, soy incapaz de patear una pelota con el pie izquierdo. De hecho, como suele decirse en el mundo del fútbol, solo usaba la pierna izquierda para apoyarme. Era rápido, le ponía intención, pero no tenía mucha coordinación, sobre todo para regatear, y antes de que pudiera darme cuenta ya estaba jugando de portero, que no se me daba nada mal, por cierto.

Todo esto explica que existan muchas ideas preconcebidas, así como infinidad de estudios científicos sobre nosotros. En ningún caso se ha podido demostrar que seamos más inteligentes o capaces que el resto. Es más, según investigaciones del Merrimack College de Massachussetts y otras universidades, dado su carácter más emocional, los zurdos y los ambidiestros son más proclives a emociones negativas, como el miedo o el estrés; afirman incluso que son más tímidos y sensibles al conflicto o a las discusiones. Igual esto es así por el hecho de vivir en un mundo que no está diseñado para ellos.

CURIOSIDAD CIENTÍFICA: El verano pasado estuve en Sudáfrica, y llegué un poco angustiado. Lo mismo que en Japón, Australia, Inglaterra y muchas de las antiguas colonias británicas, allí conducen por la izquierda. ¿Cómo iba a llevar yo ese cambio, durante casi 2.000 kilómetros, acostumbrado durante más de veinte años a conducir siempre por la derecha? ¿Supondría un peligro más que habría de añadir a la larga lista de los que tenía que afrontar? ¿Y por qué lo hacen? Aunque estaba convencido de que todo era cosa de los ingleses y su manía de llevarnos la contraria (miden en millas o libras en vez de en kilómetros o kilogramos, por ejemplo), me entró curiosidad y busqué en internet la causa de semejante diferencia. Lo que descubrí me sorprendió. ▶

▶ En la Edad Media, para facilitar la libertad de movimiento durante los torneos, los caballeros tomaban sus lanzas con la mano derecha y competían a la derecha del contrincante. Y cuando circulaban, lo hacían por el lado izquierdo, con la mano derecha junto a la espada por si el viajero que venía en sentido contrario no lo hacía de modo amistoso y había que defenderse rápidamente. Con los coches de caballos sucedía algo parecido. Los cocheros utilizaban el látigo de fustigar con la mano derecha mientras controlaban las riendas con la izquierda; así no se corría el riesgo de herir a los viandantes que paseaban junto al carruaje o a otros pasajeros en dirección opuesta. ¿Quiénes decidieron cambiarlo? Los franceses. Antes de la Revolución francesa, era común que la aristocracia viajara por la izquierda y el vulgo por la derecha. Así, ellos, tan aristócratas, tan elegantes, podían viajar más rápido que la plebe. Con la caída de la Bastilla ▶

▶ y la amenaza de perder la cabeza en la guillotina, prefirieron compartir camino con los ciudadanos para no llamar demasiado la atención. En 1794, una ley en París dictó el cambio definitivo que poco a poco fuimos adoptando los demás países. Excepto los ingleses, claro. Al final, mi único problema con el coche en Sudáfrica no tuvo nada que ver con el sentido de la circulación (al que, quizá por ser zurdo, me acostumbré en media hora; de hecho, creo que allí encontré mi verdadero lugar en la carretera), sino con un elefante: para evitar que el animal embistiera mi coche, tuve que dar marcha atrás en milésimas de segundo, y milésimas de segundo después choqué con un 4 × 4 lleno de americanos, que desconozco si eran zurdos o diestros.

Se han publicado otros resultados curiosos. Por ejemplo, un estudio de la Universidad de Harvard afirma que los zurdos suelen cobrar menos; este dato lo asociaban a que sus problemas para controlar las emociones les impiden prosperar en los estudios o en el trabajo (*WTF!*), y añadían que eso no les ocurre en la misma proporción a los hijos zurdos de madres zurdas, pues sufren menos en su proceso de adaptación. Por otro lado, en Irlanda, investigadores del University College de Dublín concluyeron que los zurdos son más propensos a tomarse unas copas de más que los diestros (que allí también beben lo suyo), tras hallar una fuerte correlación entre la zurdera y la frecuencia de ingesta de alcohol. Esto no quiere decir que la disposición cerebral de los zurdos se asocie al consumo excesivo o directamente al alcoholismo, según advierten los científicos; más bien sospecho que todo se debe al capricho de la estadística y la probabilidad, que solo se cumple en el infinito.

Aun así, no creas que todo es negativo. En algunas tribus de Oceanía se cifra un número desproporcionado de zurdos. La razón, estiman los antropólogos, es que durante siglos fueron más hábiles en el campo de batalla, pues sus rivales, que siempre entrenaban con diestros, no esperaban sus golpes y, pillados por sorpresa, caían derrotados. De la misma manera, por su rareza, en el mundo del deporte puede ser toda una ventaja competitiva, pues tenemos la capacidad de discurrir por el lado al que la mayoría de los oponentes no están acostumbrados. En mi caso, yo fui yudoca durante muchos años, y tenías que ver la cara de mis rivales cuando desmontaba su agarre para intentar hacer valer el mío, o intentaba desequilibrarlos por un lado al que no estaban acostumbrados. Les pasa igual a los boxeadores, los tenistas... Y, si no, que se lo pregunten a los rivales de todo un zurdo tenístico, Rafa Nadal, uno de mis ídolos. Lo curioso es que solo es zurdo para el tenis, porque su tío y entrenador, Toni Nadal, decidió cuando tenía nueve años que así le daba más fuerte a la pelota y haría más daño a sus contrincantes. Como dice la novela de Benjamín Prado, «nunca le des la mano a un pistolero zurdo». En cuestión de duelos al amanecer, mientras le das la diestra, él te puede disparar con la izquierda.

HÉROES SIN CAPA: Rafael Nadal Parera (Mallorca, 3 de junio de 1986) está considerado el mejor deportista español y, por supuesto, el mejor jugador de tenis en tierra batida de todos los tiempos, si no de todas las superficies, con permiso de Roger Federer. Rafa ha ganado 16 torneos de Grand Slam (Roland Garros en diez ocasiones), dos medallas de oro olímpicas, cuatro Copa Davis e innumerables torneos y premios. Pero lo que le hace realmente grande es su humildad, su capacidad de lucha, sacrifico y mejora constante, un instinto ganador y una fortaleza mental fuera de lo común, y la capacidad para sobreponerse a cualquier adversidad, que las ha tenido. Sus rivales hablan maravillas de él, sobre todo fuera de la pista. Grande, muy grande. Para mí, el más grande.

Cabría preguntarse por qué somos tan pocos. Científicos de la Universidad de Northwest (Washington, Estados Unidos) encontraron una curiosa explicación en 2010: tiene que ver con un desequilibrio entre la cooperación y la competición. Los profesores Abrams y Panaggio (ambos diestros, por cierto) recabaron datos de los deportistas de élite, y sus resultados podrían resumirse así: el número de zurdos y diestros depende del grado de cooperación de una sociedad. Si la nuestra fuera totalmente cooperadora, todos tendríamos la misma lateralidad; por tanto, que haya unos pocos zurdos demuestra que no somos una sociedad del todo cooperante. Curioso, ¿verdad? Todavía nos falta mucho para comprender la zurdera por completo. Me pregunto quién desvelará sus misterios, ¿un diestro o un zurdo? Seguro que un zurdo…

He lanzado esta pregunta en las redes sociales: «¿Por qué los ingleses conducen por la izquierda?».

Y vuestra sabiduría ha hablado:

Instagram:

cintado_tkd: Porque si no lo hacen, les multan 👮
bb8_3: Para llevarle la contraria a Napoleón.

Facebook:

Sergio Calle: Porque son todos zurdos? Jaja!

11
Misterios geométricos de un brócoli

¿Qué tienen en común los alveolos pulmonares, los relámpagos, las líneas costeras, el sistema circulatorio que riega nuestros cuerpos, los árboles, las nubes o ese extraño vegetal que venden en los mercados, híbrido del brócoli y la coliflor, que se llama romanesco? Podrían darse varias respuestas, pero la que aquí vamos a tratar, a pesar de estar por todas partes en la naturaleza, tardó en ser evidente para los científicos. Hablamos de su geometría fractal. ¿Qué es un fractal? Una pista está dentro de la propia palabra: tiene que ver con la fractura.

Empecemos con un poco de historia. Fue el matemático Benoît Mandelbrot (Varsovia, 1924 - Cambridge, Massachusetts, 2010), a principios de los años setenta, quien primero trató este asunto. Si tradicionalmente las matemáticas se habían ocupado de las formas suaves y sencillas, Mandelbrot decidió adentrarse en el mundo de la complejidad, la fractura, la rugosidad (le gustaba más tratar con imágenes que con fórmulas), y la característica común que observó en los fractales era su autosemejanza.

¿Qué significa esto? Podría explicarse de forma sencilla

diciendo que un objeto es autosemejante cuando, al escoger cada una de sus partes, resulta similar a la totalidad. Por ejemplo, cada fragmento de un brócoli es similar a un brócoli entero, y cada parte de una nube es similar a una nube entera. Si cogemos un hacha y partimos una rama de un árbol, esa rama, de la que salen otras ramas más pequeñas, tiene la forma de otro árbol. Y así sucesivamente. Algo parecido ocurre con los helechos. Y en esto radica su carácter fractal. Los fractales son figuras muy irregulares; tanto, que las matemáticas tradicionales no podían describirlos.

Si bien la geometría clásica, iniciada hace 2.500 años por Euclides, había sido considerada como una disciplina abstracta, fría y alejada de la realidad, al describir siempre formas y cuerpos perfectos, con la geometría fractal las matemáticas ya tenían una poderosa herramienta para generar nubes, cordilleras o perfiles costeros, formas que se dan en la naturaleza y con las que convivimos en nuestra cotidianidad.

En efecto, las líneas perfectamente rectas, los círculos impolutos y las curvas suaves que se describen en las pizarras de las clases de matemáticas no son tan fáciles de ver en la naturaleza, más bien aparecen en las cosas que hace el hombre: carreteras, edificios, diseños diversos. Eso sí, los humanos utilizamos la geometría fractal tanto para generar imágenes realistas en videojuegos como para crear bonitos estampados en prendas de ropa. Los artistas fractales buscan crear imágenes hermosas, pero en vez de utilizar pincel y óleo, idean programas informáticos que generan imágenes fractales sugerentes, llenas de formas y colores. De hecho, a finales del siglo XX se fundó un movimiento artístico llamado fractalismo, que tuvo su propio manifiesto, como todo movimiento de vanguardia que se precie.

Lo increíble de los fractales, además de su belleza, tiene que ver con su perímetro. Por ejemplo, los perfiles costeros (que, desde luego, no han sido trazados por la mano humana) son un curioso objeto fractal. ¿Cuánto mide una costa? Es difícil de calcular. Cuanto más preciso sea el mapa (valga como ejemplo el de las Rías Baixas gallegas), más irregularidades encontraremos; más recovecos entre las rocas, podríamos decir. El perímetro cambiará bastante dependiendo del aumento, de la escala del mapa, del zoom con el que la observemos; dicho de otro modo, según la regla con la que tratemos de medirlo. No será igual que pretendamos medirlo con una regla de un kilómetro, un metro o un centímetro. Cuanto más pequeña sea esta, más larga e irregular parecerá la costa. Fíjate en este ejemplo: recorremos la ría, pegados a ella, en una lancha; dado que no podremos acercarnos lo suficiente en todos los casos, la longitud medida no será tan grande como la que pueda hacer, por ejemplo, una hormiga, que puede asumir todas las irregularidades de las rocas. Como conclusión, nuestra medida será más exacta si somos tan pequeños como una hormiga (y también acabaremos más cansados). De nuevo, todo es relativo. La longitud de un tramo de costa es relativa, es variable: dependerá de cómo la midas, de la escala. Y es muy muy difícil de determinar.

CURIOSIDAD CIENTÍFICA: Otro objeto fractal clásico curioso es la curva de Koch, que tiene parecido con un copo de nieve y que se obtiene a partir de un triángulo equilátero: en mitad de cada lado se coloca otro triángulo, y a mitad de cada lado de ese triángulo, otro triángulo más pequeño, y así se repite la operación indefinidamente. Esta manera de proceder se denomina iteración y es habitual en la obtención de fractales; consiste en realizar repetidamente una operación tomando cada vez el resultado de la anterior (los ordenadores son buenos haciendo estas iteraciones hasta millones de veces). Llega un momento en que la imagen tiene un aspecto similar tanto de lejos como de cerca: siempre se repite el mismo patrón, hasta en lo más pequeño. ¿Cuál es la particularidad de esta curva? Pues que contiene una superficie finita (es 1,6 veces la del triángulo de partida), pero su perímetro es infinito. Es difícil de concebir, pero es así.

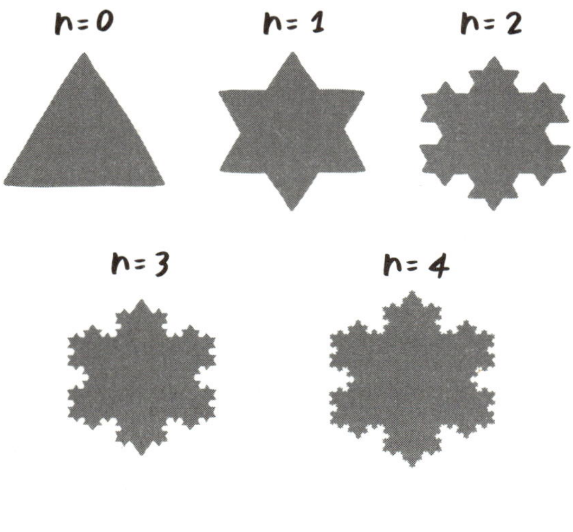

CURIOSIDAD POP: Un efecto fractal (similar a la curva de Koch) es el que permitió revolucionar el mundo de los videojuegos y las películas de animación. Al principio, las imágenes estaban basadas en triángulos, cuadrados y poliedros de pocos lados, lo cual daba a las montañas o a las caras un efecto excesivamente poliédrico. Con la evolución de la informática y con ordenadores cada vez más potentes, los fractales se adueñaron del plató virtual. A partir de un rombo, por ejemplo, Tony DeRose, licenciado en Física y doctorado en Ciencia Computacional por la Universidad de California y una de las mentes matemáticas más respetadas de Pixar (exacto, los responsables de *Toy Story* o *Monstruos S. A.*), explica cómo, simulando un proceso fractal miles de veces, consigue alcanzar imágenes con la suavidad buscada: nubes, montañas, bosques y cualquier cosa que la imaginación (de la que no van nada escasos en Pixar) le permite. Y todo gracias a la fractalidad. De la división matemática de Pixar salen cada año numerosos artículos sobre animación con nombres tan sugerentes como «Simulación artística del cabello rizado», que explica la creación del motor gráfico que animó el pelo de la pelirroja protagonista de *Brave*.

Y queda la mejor. Una particularidad de todos los objetos es su dimensión topológica. Es decir, una línea tiene una dimensión, una superficie (como un cuadrado o un triángulo) tiene dos dimensiones y un coche o un balón de fútbol tienen tres dimensiones, como el espacio en el que vivimos. Sin embargo, la dimensión de un objeto fractal no tiene por qué ser uno, dos o tres. Por ejemplo, una línea fractal puede ser tan serpenteante y enrevesada que en su trayectoria puede ocupar casi toda la superficie de un objeto; por ejemplo, un área cuadrada. En este caso, ¿qué dimensión tiene? La dimensión fractal estaría entre el 1 de la línea y el 2 del plano; sería, por tanto, un número fraccionario. Si serpentea mucho, se acerca a 2 (por ejemplo, dimensión fractal 1,8), y, si serpentea poco y ocupa menor superficie, la dimensión es menor (por ejemplo, dimensión fractal 1,3). La dimensión de la citada curva de Koch es 1,2618. Como la curva de Koch se asemeja a un perfil costero, también podemos calcular la dimensión fractal de una costa, que nos da una idea de su irregularidad. La «rugosidad» de una superficie se puede medir también de esta manera. Por ejemplo, la dimensión fractal de la superficie de la Tierra es de 2,1, mientras que la de la superficie de Marte es de 2,4. De ello se desprende que la superficie del planeta rojo es más rugosa y accidentada que la de nuestro hogar azul.

12
¿Cómo podríamos escapar de la Tierra?

La fuerza de la gravedad es una especie de cadena invisible (o una curvatura del espacio-tiempo, según la Relatividad de Einstein) que nos mantiene pegados al planeta Tierra. El ser humano ha soñado durante casi toda su historia con surcar los cielos (un hito que consiguió la aviación a lo largo del siglo XX, desde el primer vuelo de los pioneros hermanos Wright en 1903), e incluso escapar del planeta y explorar el espacio exterior hasta llegar a otros mundos. En la película *Viaje a la Luna* (1902), del también pionero del cine Georges Méliès, los seres humanos llegaban en cohete hasta la Luna (clavándose en su ojo derecho, imagen icónica del cine). Entonces parecía ciencia ficción. Sin embargo, unas décadas después, en 1969, la nave Apollo 11 alunizaba y Neil Armstrong daba «un pequeño paso para el hombre, pero un gran paso para la humanidad»; y, años más tarde, naves como la sonda Voyager rebasaron las fronteras del Sistema Solar, mientras otras ya han aterrizado en Marte para explorar su superficie.

La fuerza de la gravedad, causada por la masa de la Tierra, nos mantiene atados y bien atados al suelo, a nosotros y a todas las cosas que están sobre la superficie. Gracias a ella la atmósfera está en su sitio y no se pierde en el espacio; además, posibilita la eterna danza de la Luna a nuestro alrededor. Pero ¿cómo se escapa de la Tierra? ¿Cómo romper este abrazo gravitatorio?

Las cosas, por ejemplo, se pueden poner en órbita. Si uno tira una pelota hacia delante, esta describirá una parábola y caerá al suelo. Si la tira con más fuerza, caerá más lejos. Si la tira aún con más fuerza, caerá aún más lejos. Si la tira con la fuerza suficiente, caerá tan lejos que no caerá: dará la vuelta a la esfera terrestre hasta volver por detrás y golpearnos en la nuca. Es lo que ocurre con los satélites en órbita: se los pone a girar alrededor de la Tierra. Bueno, más que girando alrededor, están «cayendo continuamente» hacia la Tierra.

Por eso se piensa que en las naves orbitales (como la Estación Espacial Internacional) no hay gravedad. Claro que hay gravedad; de hecho, la nave está atada a la Tierra gravitacionalmente. Lo que ocurre es que, al estar en caída libre todo el rato, todo flota, igual que flota un paracaidista antes de abrir su paracaídas. Es difícil de imaginar, pero estos astronautas están cayendo continuamente hacia la Tierra, como si se hubiesen arrojado de un avión o un rascacielos. Los satélites orbitan la Tierra a diferentes alturas y algunos orbitan a la misma velocidad que la rotación del planeta, así que vistos desde la superficie siempre están en el mismo lugar, por eso se los llama satélites geoestacionarios. Los satélites orbitan desde una altura de 200 kilómetros hasta 36.000, y se utilizan para telecomunicaciones, GPS o estudios científicos. Mucho más arriba orbita el satélite más grande, la

Luna, que también está cayendo eternamente hacia la Tierra (pero no acabará de caer, que no cunda el pánico). El movimiento orbital se rige por las famosas leyes de Kepler, que también rigen el movimiento del Sistema Solar.

CURIOSIDAD POP: Siempre que pienso en la falta de gravedad en una nave espacial, me viene a la cabeza Homer Simpson flotando entre patatas fritas (unas picantes que había metido de tapadillo a espaldas de la NASA). Y luego flotando entre hormigas, pues, como siempre ocurre cuando él anda cerca, si todo puede ir peor, irá peor. ¡Qué grande, Homer! El mismo que afirma que «hay tres tipos de personas: las que saben contar y las que no». Muy grande.

¿Qué velocidad hay que alcanzar para escapar de la Tierra para siempre, dejando atrás incluso las órbitas? Precisamente se llama velocidad de escape, que es de 11,2 kilómetros por segundo (km/s), equivalente a 40.320 kilómetros por hora (km/h). Para escapar de la Luna, cuya gravedad es menor, se requiere una velocidad también menor, de 2,38 km/s. En la Tierra, además, habría que tener en cuenta los efectos del rozamiento con el aire de la atmósfera.

Es difícil salir de la Tierra: se requiere una gran cantidad de energía, por eso las naves tienen potentes motores (antes nos referíamos a proyectiles sin propulsión, por ejemplo al lanzar una pelota hacia delante, lo que requeriría un impulso inicial de energía enorme). Para escapar efectivamente de la Tierra se necesitan cohetes que, además, vayan menguando su masa durante el vuelo; por eso, cuando se emiten las imágenes del lanzamiento de una nave desde Cabo Kennedy o cualquier otro lugar, vemos cómo el cohete va soltando partes, como si se desarmara, al tiempo que consume toneladas de combustible. Su masa disminuye, lo que favorece el escape: a menos masa, menos atracción gravitatoria y menos peso. Lo que llega al espacio es una parte muy pequeña de la nave original. Las naves que escapan de esta manera pueden llegar a la Luna, a Marte o hasta los confines del Sistema Solar, para no regresar jamás, como la sonda Voyager.

También podemos darle la vuelta al asunto. ¿Con qué velocidad cae un objeto a la Tierra? La pregunta parece obvia: la velocidad de un objeto en su caída se incrementa según la aceleración de la gravedad (9,81 m/s^2), como se enseña en el colegio. Pero además hay que tener en cuenta, una vez más, los efectos del rozamiento con el aire de la atmósfera, que siempre está ahí aunque no se vea. Será mayor cuanto mayor sea la superficie, como bien saben los paracaidistas y, sobre todo, los saltadores de salto base. Ese rozamiento, por supuesto, influye en la velocidad, que no aumenta indefinidamente hasta llegar el cuerpo en caída al suelo, sino que llega a estabilizarse a una velocidad constante llamada velocidad terminal. Por ejemplo, si cae durante el tiempo suficiente, llega un punto en que el paracaidista, antes de abrir el paracaídas, alcanza una velocidad que deja de aumentar, no va cada vez más rápido; digamos que se contrarresta la atracción de la gravedad con la resistencia que el aire ofrece al movimiento (que aumenta con la velocidad del objeto, de ahí que lleve un tiempo alcanzar la velocidad terminal). Para un humano en posición horizontal, como el paracaidista, esta velocidad es de 198 km/h.

CURIOSIDAD CIENTÍFICA: Los meteoros o estrellas fugaces (a las que, según la leyenda, puedes pedir un deseo) son pequeñas partículas que al entrar a gran velocidad en la atmósfera de la Tierra (lo que ocurre generalmente a alturas de entre 80 y 110 kilómetros sobre la superficie) arden y producen el trazo luminoso que surca rápidamente el cielo y que podemos disfrutar, por ejemplo, todos los veranos con las famosas Perseidas (también conocidas como «lágrimas de San Lorenzo» porque suelen coincidir con el día de su santo, el 10 de agosto). La causa de su incandescencia temporal se atribuye popularmente al rozamiento con el aire, pero en realidad se debe a la presión de choque (el aire atmosférico se comprime al chocar contra el cuerpo a gran velocidad y, al aumentar la presión, aumenta también la temperatura, que se transfiere al meteoro). Solo los que son demasiado grandes y no se desintegran en su totalidad alcanzan la superficie terrestre, y entonces, no antes, nuestro meteoro pasa a llamarse meteorito.

He lanzado esta pregunta en las redes sociales: «¿Cómo podríamos escapar de la Tierra?».

Y vuestra sabiduría ha hablado:

Instagram:

heichou_bicho: Con un buen libro ☺

Facebook:

Gloriamaría Esthefany: Yendo al mar.

13
Partículas enamoradas

Existe una vieja creencia oriental que llaman el «hilo rojo del destino». Lo que dice esta historia fantástica es que los dioses atan a dos personas con hilo rojo (del tobillo o del meñique, según la tradición) y ese hilo rojo los abocará, de una manera u otra, a enamorarse o a compartir algún evento importante de su existencia. El hilo rojo puede estirarse infinitamente, pero nunca se romperá (en Occidente tenemos conceptos familiares como encontrar a tu media naranja o a tu alma gemela). De alguna manera, cuando nos enamoramos, comenzamos una fuerte conexión con la persona amada, y lo que le pase a ella, no importa lo lejos que esté, nos afecta de alguna manera.

Pues, aunque parezca increíble, las partículas subatómicas, sometidas a las extrañas leyes de la Mecánica Cuántica, también pueden tener entre ellas hilos rojos; pueden, de alguna manera, enamorarse. Dos partículas que en algún momento estuvieron unidas, en cierto sentido siguen estando relacionadas. Con independencia de la distancia que las separe, lo que le pase a una, aunque se encuentre a años luz en el extremo opuesto del Universo, afectará a la otra. La conexión entre ellas es instantánea. Lo llamamos «entrelazamiento cuántico» y está descrito por la ecuación de Dirac. Si alguna fórmula física pudiera describir el amor, sin duda sería esta:

$$(\partial + m)\,\Psi = 0$$

El entrelazamiento cuántico se da cuando el estado de un sistema de varias partículas se describe por un solo objeto matemático, una función de onda típica de la teoría cuántica, que rige el comportamiento de todas. Por ejemplo, podría existir un sistema cuántico de dos partículas cuya propiedad de espín (que podríamos imaginar como su rotación, aunque no sea exactamente eso) valiese 0. Esto significaría que una de las partículas tendría que tener spin ½ y la otra -½. Sumados ambos espines, resulta un total de 0.

Lo curioso de esta situación es que si tenemos una partícula en la Tierra y otra en la galaxia de Andrómeda, y medimos el signo de su espín (por ejemplo, ½), la otra debería tener el contrario para que el sistema continuase teniendo un espín 0. También se puede imaginar con monedas entrelazadas: si una muestra cara en un lugar, la otra, instantáneamente y muy lejos, muestra cruz.

Así contado puede parecer muy complicado, pero explicado de otra manera quiere decir que lo que le hagamos aquí a una cosa puede tener efectos instantáneos en Andrómeda. Imagínate que estás en la Tierra y un amigo se va a aquella lejana galaxia. Entonces te pinchan con una aguja... y tu amigo siente el dolor a 2,5 millones de años luz. Es increíble, pero en el mundo subatómico, en el régimen cuántico, pueden suceder estas cosas. «Partículas enamoradas», les dicen algunos.

Cuando estas propiedades salieron a la luz causaron controversia porque violaban uno de los postulados de Albert Einstein: que la velocidad de la luz es la velocidad límite del Universo y que ninguna información puede viajar más rápido. En nuestro caso, la información recorrería 2,5 millones de años luz hasta Andrómeda de forma instantánea, y eso es mucho más rápido que la luz, que tardaría 2,5 millones de años. El genial físico llamaba a esto «espeluznante acción a distancia» y creía que estas cosas raras aparecían en la teoría porque faltaban unas «variables ocultas» por descubrir en la Mecánica Cuántica. La teoría no estaba todavía lo suficientemente desarrollada. Einstein y sus colegas Podolsky y Rosen presentaron en 1935 la llamada Paradoja EPR (por sus iniciales) como un argumento contra la Mecánica Cuántica. Si el entrelazamiento existía, la teoría cuántica debía de fallar por algún lado.

La discusión en torno a este asunto permaneció en el campo de la filosofía de la ciencia hasta 1964, fecha en la que un profundo teorema matemático descubierto por el físico norirlandés John S. Bell (el Teorema o Desigualdad de Bell) estableció, muy *grosso modo*, que los efectos de la Mecánica Cuántica como este podían ser posibles, y que la ciencia no tenía que ser «realista» en el sentido que nosotros entendemos la realidad. Y eso que Bell ideó el experimento para dar la razón a Einstein... Pero la Mecánica Cuántica, una vez más y por raro que parezca todo, tenía razón.

Desde entonces, el tiempo y los experimentos han demostrado que el entrelazamiento sucede en la realidad; de hecho, se utiliza en ciencias incipientes como la computación cuántica o la criptografía cuántica. Una de las últimas pruebas del entrelazamiento fue hallada en 2017 por el Instituto Tecnológico de Massachusetts (MIT), en una investigación en la que también participaron físicos de la Universidad de Viena. También en 2017, científicos chinos consiguieron entrelazar cuánticamente fotones separados más de 1.200 kilómetros (el récord anterior estaba en 100 kilómetros).

El entrelazamiento cuántico abre las puertas a posibilidades de fantasía; por ejemplo, la teletransportación, que hemos visto con frecuencia en películas diversas de ciencia ficción, sobre todo en *Star Trek*. Imagínate: si tengo partículas en otra galaxia y puedo modificar su estado manipulando sus partículas entrelazadas de la Tierra, podría recrear en aquel lugar lejano lo que yo desease; es decir, podría teletransportar cosas. Sin embargo, lo que se teletransporta es más bien el «estado» de la cosa, y no la cosa; no se teletransporta materia ni energía, ni se hace a velocidad mayor que la luz. La Mecánica Cuántica pone aquí un obstáculo, que no todo iba a ser tan fácil: aunque la información puede en este caso transmitirse instantáneamente, solo podemos transmitir información de forma aleatoria, lo cual complica las cosas. Pero los físicos han conseguido sortear estos problemas.

De hecho, ya se han teletransportado propiedades cuánticas. En 2012, por ejemplo, se logró transferir las propiedades físicas de unos fotones entre el telescopio Jacobus Kapteyn de La Palma y la Estación Óptica de Tierra de la Agencia Espacial Europea, en Tenerife, a 143 kilómetros de distancia. Propiedades como estas son las que se usan en la computación cuántica (el español Juan Ignacio Cirac es candidato al Nobel de Física y una de las mayores eminencias mundiales en este campo), que producirá ordenadores potentísimos cuyas aplicaciones aún son difíciles de imaginar.

La teletransportación todavía se restringe al mundo cuántico (algunas de sus aplicaciones están relacionadas con unas comunicaciones más rápidas y seguras a través de la fibra óptica), y queda muy lejos el poder teletransportar a una persona. Esta posibilidad, además, plantea peliagudas cuestiones filosóficas. Por ejemplo: si clonamos mediante este método a una persona en otra galaxia, si creamos allí una réplica exacta, ¿se traslada también el «alma»? De hecho, ¿existe el alma? ¿Y qué hacemos con el cuerpo sobrante que se queda en la Tierra? Según la teoría, para teletransportar es preciso destruir el estado original (en 1982 se descubrió el Teorema de No Clonación), así que la cosa es arriesgada: el teletransportador de *Star Trek* directamente podría matarnos... Como ves, un buen lío. O un buen entrelazamiento.

14
¿Nos dominarán los robots?

Pocas películas me impactaron tanto en su momento como lo hizo *Terminator* (1984), pero no solo porque Kyle Reese, enviado desde el futuro para salvar a Sarah Connor de un T-800 modelo Cyberdyne 101, terminaría siendo el padre de John, la persona que le había enviado (sí, lo sé, toda una paradoja y un buen un lío), sino sobre todo porque planteaba que una inteligencia artificial, Skynet, devastaría la Tierra y esclavizaría a la humanidad. Si se cumpliese el guion, hoy quedarían solo 11 años, hasta 2029, para que cíborgs cibernéticos acabaran con nosotros.

La palabra «robot» viene del checo y significa 'trabajo'. Aunque nos parezca una cosa muy moderna, la idea del robot es bastante antigua: ya existían autómatas —precursores del robot— en la antigua Grecia, y en el siglo XVIII vivieron una época de esplendor: se fabricaron pianistas, flautistas, jugadores de ajedrez o el famoso Papamoscas de la catedral de Burgos. También es longeva la idea de que los seres artificiales creados por el hombre se rebelen contra él; es el ejemplo del monstruo del doctor Frankenstein o del Golem, aquel ser de barro creado por un rabino de Praga que acabó fuera de control. ¿Terminarán los robots por volverse contra nosotros?

Lo cierto es que vivimos una época en la que la robotización está en auge (dentro de una revolución tecnológica más general que se está convirtiendo en uno de los motores de la economía mundial); eso sí, no todos los robots tienen forma humanoide, que es como nos los solemos imaginar. La mayoría trabajan en la industria, sobre todo en la automovilística, que es la más automatizada (allí lo más parecido a un humano es su brazo mecánico), y también se investiga en robótica para crear exoesqueletos que permitan caminar a aquellas personas que tienen alguna discapacidad que se lo impide. Y el robot Da Vinci ayuda a los cirujanos a operar con gran precisión (ojo, no opera el robot solo, siempre lo manipula un humano).

La palabra «robot» se usa de manera muy laxa, incluyendo en ella desarrollos de inteligencia artificial o programas informáticos (a veces también conocidos como *bots*). Siendo más precisos, podría decirse que la palabra «robot» se refiere a esos aparatos que se mueven mecánicamente en el mundo físico, como los robots de las fábricas, y que responden a estímulos de un entorno muy controlado, por eso requieren poca inteligencia artificial. La inteligencia artificial no tiene por qué trabajar de esa manera en el mundo físico, respondiendo a los estímulos, sino que puede estar en un *software* (por ejemplo, en el programa Siri que responde a los usuarios de Apple o en la superinteligencia electrónica Watson que desarrolla IBM). Pero ambas cosas, robótica e inteligencia artificial, suelen combinarse.

Los robots humanoides, como C-3PO en *Star Wars*, que decíamos antes, no son la parte más importante de la robótica. Eso sí, se está haciendo un gran esfuerzo de investigación en ellos, creando prototipos que habrás visto en reportajes de la tele y que ya se usan para trabajar en hoteles, aeropuertos, restaurantes y diversos eventos, dando información y ayuda a los humanos, un poco a modo de robots de protocolo (como el mismo C-3PO). Algunos ejemplos son los robots Pepper, Nao o Romeo, los tres de la empresa japonesa SoftBank Robotics. En Japón, donde esto de la robótica interesa especialmente, el inventor Hiroshi Ishiguro ha construido robots humanoides a su imagen y semejanza con un tremendo realismo. Hace unos años se estrenó en Madrid una obra de teatro japonesa (*Tres hermanas, versión androide*) que recreaba un texto de Antón Chéjov con un actor robot humanoide llamado Geminoid. Sin embargo, es difícil replicar mecanismos tan complejos como la mano humana, un instrumento que no llegamos a valorar en toda su sofisticación porque lo utilizamos a diario.

Pero, como también hemos dicho antes, la robótica discurre sobre todo en el ámbito industrial, en el mundo de los drones o en el equipamiento doméstico; de hecho, se espera que los robots acaben mudándose de las factorías a los hogares. Aunque, más que a un mayordomo de estilo británico (probablemente llamado Bautista) con múltiples habilidades, se tiende a una máquina que planche y tienda la ropa para ti, y a otra que te prepare un sándwich (no hay que temer por la tostadora, que tiene poca ambición revolucionaria). Además, otra diferencia fundamental entre los ingenios tecnológicos y los humanos es que los primeros son aparatos perfectamente lógicos, matemáticos, cuadriculados, pero carecen de la parte emocional, de la sensibilidad y los sentimientos, por eso mismo nunca llegarán a ser como los humanos, ni siquiera como los replicantes que aparecían en *Blade Runner* (vamos, que no verán «atacar naves en llamas más allá de Orión», ni «rayos C brillar en la oscuridad cerca de la puerta de Tannhäuser», como en la película de Ridley Scott de 1982). Además, según algunos estudios, los humanos somos un 85% de inteligencia emocional, cosa que ellos parece que no van a tener, al menos por el momento.

Dicho esto, ¿nos dominarán los robots? No somos los primeros que nos preocupamos por esta posibilidad. El gran escritor de ciencia ficción y divulgador científico Isaac Asimov creó, en 1942, las Tres Leyes de la Robótica (que, por cierto, aparecen en la película *Yo, robot*, inspirada en las obras de Asimov). Dicen así:

1. Un robot no hará daño a un ser humano ni permitirá, por inacción, que sufra daño.
2. Un robot debe obedecer las órdenes dadas por los seres humanos, excepto si estas órdenes entrasen en conflicto con la 1.ª ley.
3. Un robot debe proteger su propia existencia en la medida en que esta protección no entre en conflicto con la 1.ª o con la 2.ª ley.

CURIOSIDAD POP: La famosa película *Yo, robot* (2004) estaba bastante alejada del libro original de Asimov, pero comenzaba con un interesante dilema moral. Su protagonista, el detective Spooner (Will Smith), odia los robots, pese a que forman parte de la vida cotidiana en la Tierra y son su principal fuerza laboral, regida por las famosas Tres Leyes. ¿La razón? Un robot decidió salvarle a él en vez de a una niña de doce años involucrada en el mismo accidente porque tenía el 45 % de probabilidades de sobrevivir, mientras que la niña, Sarah, solo tenía el 11 %. Para Spooner, este porcentaje, por pequeño que pareciese, era suficiente para haberla elegido en su lugar y salvarla. Dilemas parecidos se plantean diariamente en el diseño de todo tipo de algoritmos de inteligencia artificial, sobre todo aquellos orientados a guiar nuestros coches (que en el futuro no llevarán conductor) o sistemas de control de tráfico, ferroviario o aéreo. ¿Qué haría un algoritmo si, para salvar a dos ancianos, debe elegir entre ellos y una niña pequeña? ¿Mejor dos que uno? ¿O por qué opción se decantaría si tuviese que elegir entre el 80 % de probabilidades de éxito de salvar a un motorista contra el 30 % de un autobús escolar? Probablemente, este tipo de planteamientos éticos y morales sea la razón por la que todavía estos algoritmos no están plenamente integrados en nuestras vidas.

Estas sencillas leyes, como se ve, están enfocadas a proteger a los humanos de una hipotética rebelión robótica y, para ello, deberían ser implementadas en la programación de cada robot, a modo de un código moral. La idea era que, si el robot las incumplía, se autodestruyese de alguna manera. Lo que Asimov pretendía con todo esto era luchar contra lo que llamaba el «complejo de Frankenstein», es decir, el miedo que tenemos los humanos a que los robots se vuelvan contra nosotros.

El peligro real que representan los robots, aquí y ahora (y la automatización en general), es que provocan una importante destrucción de empleo. Los trabajos menos especializados, más repetitivos, ya los están ocupando los robots y no las personas. Hay quien dice que la tecnología creará nuevos puestos de trabajo para los humanos, como ha ocurrido en todas las revoluciones tecnológicas hasta la fecha, que solo hay que formarse y adaptarse. Desde luego, son optimistas, porque, aunque esto fuera así, no sabemos si se crearán suficientes empleos para una población en continuo crecimiento. Hay quien afirma que podríamos ir hacia una sociedad post-trabajo, donde todas las tareas las hiciesen los robots. Por el momento, todo son especulaciones que el tiempo resolverá.

Al fin y al cabo, una de las promesas de la tecnología era liberarnos del castigo divino de trabajar: que trabajen las máquinas y los humanos nos tumbaremos a la bartola. Sin embargo, tal y como está montado el sistema capitalista, nada más lejos de la realidad: los robots reducirían gastos para las empresas que los utilizasen, pero mandarían a los trabajadores al paro. Por eso algunos sindicatos ya señalan que los robots deberían pagar impuestos (cuando dicen «robots» se refieren más bien a los empresarios que los utilizan), y algunos teóricos señalan la necesidad de una renta básica universal, no solo para que la gente no se muera de hambre, sino para que puedan seguir gastando y manteniendo la rueda del sistema en funcionamiento. Lo que no sabemos todavía, claro, es si los robots del futuro también irán de *shopping*, pues, tal como decía nuestro T-800: «El deseo es irrelevante; yo soy una máquina».

15
Verdades y mentiras sobre el planeta Tierra

Y lo que me da más pena
es que ya nunca seamos almas gemelas:
la semilla y el árbol,
viento para las velas,
hierro y níquel fundidos en el centro de la Tierra.

Los Planetas,
Hierro y níquel

Viajamos a través del Universo montados en una frágil nave espacial que nos empeñamos en maltratar sin miramientos: el planeta Tierra. Y viajamos a gran velocidad, a unos 108.000 km/h, 87 veces más rápido que el sonido. Vista desde lejos, desde los confines del Sistema Solar, la Tierra es solo un «pálido punto azul» en el firmamento nocturno, rodeado de inmensidad, como decía el astrónomo y divulgador Carl Sagan en su célebre serie *Cosmos*. Es nuestra playa en el enorme océano cósmico y, por el momento, no tenemos otro lugar donde refugiarnos. Decía también Sagan que aquí ocurre todo lo que nos importa, el amor y las guerras, los grandes acontecimientos históricos, las catástrofes. Es solo un grano de arena suspendido en el frío y enorme espacio exterior, a la deriva en la eternidad.

La Tierra es una bola de materia que gira en torno al Sol, aunque la intuición dijera a los antiguos que era el Sol el que giraba alrededor de la Tierra (al fin y al cabo, el suelo parece firme y quieto). También se pensaba, más antiguamente, que la Tierra era plana (y lo cierto es que, si nos ponemos sobre la superficie de una esfera enorme, da la impresión de que estamos en un plano). No sin esfuerzo y persecución, la ciencia moderna predijo y demostró la realidad de las cosas, a través de gigantes pioneros como Galileo, Copérnico, Kepler o Newton. Las fotos de la Tierra desde el espacio, desde naves como el Apollo 11, acabó por convencer de la esfericidad del planeta y de la centralidad de la estrella a algunos que todavía estaban aferrados en viejas concepciones para nada científicas.

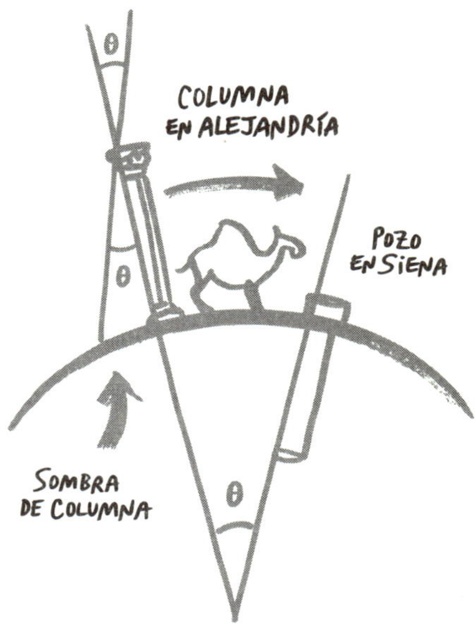

Por cierto, antiguamente no todo el mundo pensaba que la Tierra era plana. El griego Eratóstenes de Cirene (*c.* 276 a.C. - *c.* 194 a.C.), sabio matemático y director de la Biblioteca de Alejandría, donde vivía (en Alejandría, no en la biblioteca), consiguió, hace la friolera de 2.200 años, medir con precisión el radio de la Tierra ayudado solo con un gnomon (que no es un gnomo muy grande sino un objeto alargado cuya sombra se proyecta sobre una escala graduada para medir el paso del tiempo en los relojes solares). ¿Cómo pudo lograr tal hazaña? En Siena, el 21 de junio, día del solsticio de verano, a mediodía, el sol estaba en el cénit, arriba, en el centro de cielo, de tal forma que su luz caía en vertical y los objetos no proyectaban forma. Sin embargo, en Alejandría, al estar en otra latitud, la luz ya no caía en vertical, y los objetos sí proyectaban sombra. Al comparar la sombra que dejaba un palo en Siena y en Alejandría, Eratóstenes estaba midiendo en realidad la curvatura de la Tierra entre las dos ciudades. Conociendo la distancia entre ambas (contrató una expedición de esclavos para que contaran los pasos) y usando un poco de trigonometría, le resultó «sencillo» calcular el radio de esta enorme bola sobre la que viajamos: aproximadamente, 6.000 kilómetros. Lo realmente fascinante ya no es solo que se confundiera en tan solo poco más de un 10 % (la medida real y aproximada del radio terrestre es de 6.370 kilómetros), sino que lo hizo porque no se conformó con lo establecido y pensó que la Tierra en realidad era redonda, probablemente al observar la sombra circular que esta dejaba sobre la Luna en los eclipses.

TRUCO PARA PROFES: ¡Un palo, un palo! Pocas cosas dan más juego que un palo. Y que las matemáticas. Además, probablemente conozcas el proverbio chino: «Me lo contaron y lo olvidé; lo vi y lo creí; lo hice y lo aprendí». Antes de terminar el curso, puedes sorprender a tus alumnos (que ya estarán cansados de tantos exámenes y deseando irse de vacaciones) y demostrarles que las matemáticas molan. Cuéntales la historia de Eratóstenes y anímalos a imitarle. El 21 de junio sácalos al patio (en el mediodía solar, que no necesariamente tiene que coincidir con las 12.00 a. m.) provistos de su propio gnomon, que puede ser un palo de *selfie* o un recogedor, sin ir más lejos. No debe ser mayor de 1 metro ni inferior a 50 centímetros. Con la ayuda de Google Maps (los móviles en clase pueden ser grandes aliados si enseñamos a los alumnos a usarlos con criterio) deberán obtener las coordenadas ▶

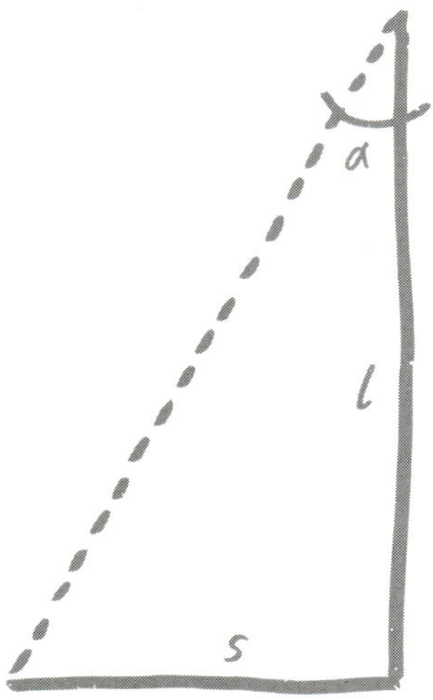

L: LONGITUD DEL GNOMON
S: LONGITUD DE LA SOMBRA
D: DISTANCIA AL TRÓPICO DE CÁNCER

PRIMERA OPCIÓN

TIENES QUE CALCULAR EL ÁNGULO: $\alpha = \arctan\left(\frac{s}{l}\right)$

EXTRAPOLAS A TODA LA CIRCUNFERENCIA TERRESTRE: $P = D\frac{360°}{\alpha}$

EXTRAES EL RADIO DE LA TIERRA: $R = \frac{P}{2\pi}$

SEGUNDA OPCIÓN

COMBINAR TODO EN UNA SOLA FÓRMULA:

$$R = \frac{D \cdot 180°}{\pi \cdot \arctan\left(\frac{s}{l}\right)}$$ (GRADOS)

$$R = \frac{D}{\arctan\left(\frac{s}{l}\right)}$$ (RADIANES)

▶ (latitud y longitud) de vuestro colegio y su distancia al trópico de Cáncer (situado a una latitud de 23° 26', barriendo todas las posibles longitudes a lo largo de un paralelo). Diles que tomen nota de las medidas de la sombra que proyectan, y armados de nuevo con sus *smartphones* (o sus calculadoras) y una simple fórmula matemática, *Voilà!*, lo tendrán. ¿Quién, de entre todos ellos, será el que menor error cometa? ¿Serán capaces de hacerlo mejor que Eratóstenes siglos atrás?

Además de este giro que tarda un año en suceder (más bien, el año es precisamente ese giro, la traslación del planeta), la Tierra tiene otros movimientos, sobre todo el de rotación: gira sobre su eje una vez al día, produciendo el fenómeno observable de la eterna sucesión de los días y las noches. La rotación de la Tierra dura 24 horas, un día completo.

Una primera puntualización: aunque pudiera parecer que el ciclo de las estaciones (primavera, verano, otoño e invierno) se debe al movimiento de traslación y a la distancia de la Tierra al Sol en la trayectoria elíptica que describe a su alrededor (el Sol está más cerca en el perihelio y más lejos en el afelio), en realidad las estaciones se deben a la inclinación del eje de rotación de la Tierra, unos 23,5 grados aproximadamente con respecto al plano de la órbita, siempre en la misma dirección. En el hemisferio norte, en el afelio, pese a estar más lejos que nunca del Sol, sus rayos inciden más directamente y recibe la radiación de forma más perpendicular. Por eso llega el verano. El hemisferio sur, sin embargo, recibe menos energía y allí es invierno. Y viceversa: cuando es verano en Argentina, es invierno en España. Como primera conclusión, por debajo del Ecuador celebran la Navidad en verano.

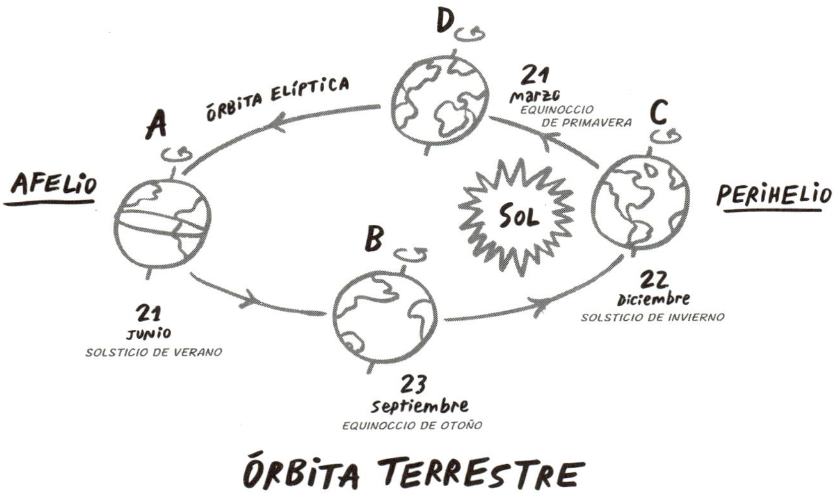

La tierra no solo rota y se traslada como nos dijeron en el colegio, sino que además se rige por otros tres movimientos principales adicionales que podríamos intuir si imaginamos que la tierra se mueve como una peonza: la precesión de los equinoccios (cada 25.767 años, un año platónico) debido al movimiento circular del eje de la tierra, la nutación (cada 18,6 años, dado que el movimiento de precesión no es exactamente circular debido a la atracción gravitatoria de la Luna), y el conocido como Bamboleo de Chandler (que no el de los Gipsy Kings), que hace que el eje de inclinación vaya cambiando periódicamente alcanzando máximos de hasta 9 metros con respecto a su posición teórica.

Me imagino a los físicos intentando ponerle un nombre. «Señor Chandler, ¿cómo lo llamamos, no obedece a ninguna regla fija? ¿Bamboleo? OK. Apúntenlo.» A causa de la precesión, dentro de 1.000 años la estrella polar (Ursae Minoris, en el extremo de la cola de la Osa Menor, también conocida como Polaris o Cinosura) dejará de indicar el norte. Habrá que buscar Alrai (Gamma Cephei) para encontrarlo. Cuatro mil quinientos años después será Alderamin (Alpha Cephei) y dentro de 12.000 años será Vega (Alpha Lyrae), una de las estrellas más cercanas a nuestro planeta, a «solo» 25 años luz de distancia.

Si el eje de la Tierra no estuviera inclinado, no habría estaciones y el Sol estaría siempre sobre el Ecuador, lo cual haría que la zona más cercana a este fuera casi inhabitable: sería una zona desértica y con un verano perpetuo. Mientras, en el norte y el sur del planeta, el sol apenas subiría en el horizonte, lo cual llevaría a estas zonas a un invierno eterno. Algo así como en *Juego de tronos*, siempre helados al norte del Muro en Invernalia.

CURIOSIDAD CIENTÍFICA: La teoría de George Dodwell, astrónomo australiano, afirma que en el 2345 a.C. la Tierra recibió el impacto de un asteroide que causó la inclinación de su eje actual y también un diluvio catastrófico mundial, en la misma fecha en la que tradicionalmente los cristianos citan a Noé, el diluvio universal y la construcción de su famosa arca. Afirma ▶

▶ también que, tras el impacto, la Tierra empezó a enderezarse, rápidamente al principio, más lentamente después, hasta llegar en 1850 a su posición axial actual. Este cambio en el eje de rotación podría ser el responsable de que muchos templos y monumentos construidos con anterioridad (como Stonehenge o el Templo Solar de Amón-Ra en Karnak) para que sus ejes apuntaran a una estrella en particular o a un punto específico por donde salía el sol, ahora muestren un lugar equivocado.

Una pregunta que me han hecho muchas veces: ¿por qué gira la Tierra? La razón tiene que ver con la manera en que se formó nuestro Sistema Solar, hace casi 5.000 millones de años, a partir de una vasta nube de polvo y gas. Cuando esa nube comenzó a contraerse, fue aplanándose hasta convertirse en un gigantesco disco que giraba más y más rápido. El Sol se formó en el centro, y el resto del disco giratorio se fue agrupando hasta producir los planetas, las lunas, los asteroides y los cometas. Esa es la razón por la cual tantos objetos están en órbita alrededor del Sol casi en el mismo plano (llamado «eclíptico»).

POP!

CURIOSIDAD POP: Antes de cumplir los diez, como casi todos los niños de mi generación, yo soñaba con ser Superman, como en la película (la de Christopher Reeve, en 1978). Años más tarde descubrí que sin duda es una de las películas más anticientíficas que ▶

▶ se han hecho (y no solo porque nuestro superhéroe nunca se despeinara mientras volaba a velocidades hipersónicas). Hay un momento en la película en que, para salvar a Louis Lane de un terremoto, el hombre de acero empieza a dar vueltas alrededor de la Tierra a tal velocidad que logra invertir su rotación: primero la detiene (*WTF1!*) y luego la invierte (*WTF2!*), lo que supone que el tiempo también retrocede (*WTF3!*) y así puede salvarla. Desconcertante. Para empezar, si la Tierra frenase de golpe supondría un cataclismo para la humanidad: saldríamos todos disparados por efecto de la inercia a unos 1.600 km/h (la velocidad de rotación en la superficie del planeta en el Ecuador). Y, además, invertir su rotación no haría retroceder el tiempo, desde luego.

Sin necesidad de nuestro héroe con capa, nuestro planeta sí que se está desacelerando progresivamente (17 microsegundos más lento cada año debido a la fricción de las mareas). De hecho, hace 400 millones de años, por ejemplo, los días duraban 22 horas (y los años, por tanto, duraban 400 días). ¿Llegará entonces a detenerse? ¿Qué pasaría en ese caso? Para empezar, no habría días y noches como los conocemos, pero lo peor es que, debido a la desaparición de la fuerza centrífuga, el panorama en la superficie del planeta se reorganizaría: el agua ocuparía los polos y dejaría solamente al descubierto un nuevo continente, como una rosquilla en torno al Ecuador. Serían dos grandes océanos polares en los que se hundiría Siberia, la Antártida o Canadá, según calcula una simulación de la empresa de *software* ESRI. Pero no te preocupes, no sucederá porque ya tenemos una fecha de caducidad impresa en el espacio: antes de que eso ocurra, el Sol habrá destruido la Tierra cuando se convierta en una gigante naranja, dentro de unos 6.000 millones de años.

Otra de las ideas locas, y falsas, que circulan sobre la Tierra es que podría estar hueca. Hay gente que creía en civilizaciones intraterrestres, muy evolucionadas, que moraban en el interior, e incluso que los ovnis, los platillos volantes extraterrestres, eran en realidad intraterrestres y salían de las profundidades a través de grandes agujeros situados en los polos. Además, dentro de la Tierra habría otro Sol que iluminaría a esas civilizaciones. Los gobiernos del mundo, por supuesto, lo saben todo y se lo ocultan a la población, haciendo pasar estas creencias por una locura. Esto es al menos lo que afirman algunos conspiranoicos. La posibilidad de una Tierra hueca también se ha barajado en obras de ciencia ficción como *Viaje al centro de la Tierra*, de Julio Verne (autor que, por cierto, consiguió en sus novelas, con gran imaginación, avanzar muchos de los desarrollos científicos), y también en ficciones surgidas de la pluma de autores como Edgar Allan Poe o H. P. Lovecraft.

Sin necesidad de entrar en teorías de la conspiración ni demasiadas complicaciones, podemos demostrar que la Tierra no es hueca. Las ondas sísmicas, sin ir más lejos, muestran que nuestro planeta está «lleno» de material que se dispone formando diversas capas, y que el campo magnético terrestre que nos protege de las corrientes de plasma solares se debe a una gran masa de material magnético (hierro, níquel y, en menor medida, otros metales) que gira en su núcleo. Y, por supuesto, ningún satélite ha conseguido imágenes de los hipotéticos agujeros polares por los que se accede al interior.

La temperatura de la Tierra aumenta con la profundidad, un fenómeno conocido como «gradiente geotérmico», y su centro puede superar los 6.700 °C, más caliente que la superficie visible del Sol. Esta temperatura se debió originalmente al calor liberado en la formación del planeta (al colisionar y al compactarse las partículas que lo forman) y el emitido cuando el hierro cristalizó para formar el núcleo interno sólido, pero en la actualidad, cual inmensa central nuclear, se debe al calor emitido por la desintegración de isótopos radiactivos de uranio (U), torio (Th) y potasio (K). Como todo efecto radiactivo, cada vez más tenue, la Tierra irradia al espacio más calor del que se genera en su interior, por lo que se enfría lenta pero continuamente.

Especulaciones recientes sugieren que la parte más interna del núcleo está enriquecida por elementos muy pesados, con números atómicos por encima de 55, lo que incluiría el oro y el mercurio, probablemente procedentes de meteoritos que impactaron la Tierra hace 4.000 millones de años. Hay oro suficiente en el núcleo (esto es la bomba) como para cubrir todo el globo con una capa dorada de 4 metros de espesor.

La Tierra pesa 6 cuatrillones de kilogramos (es decir, 6 × 1024 kg), como han comprobado diferentes experimentos. Si la Tierra fuera un cascarón vacío de solo 12 kilómetros de grosor, como se ha propuesto, la densidad de la parte material de la Tierra sería 1.000 veces más densa que nuestro cuerpo o el agua, muchas veces

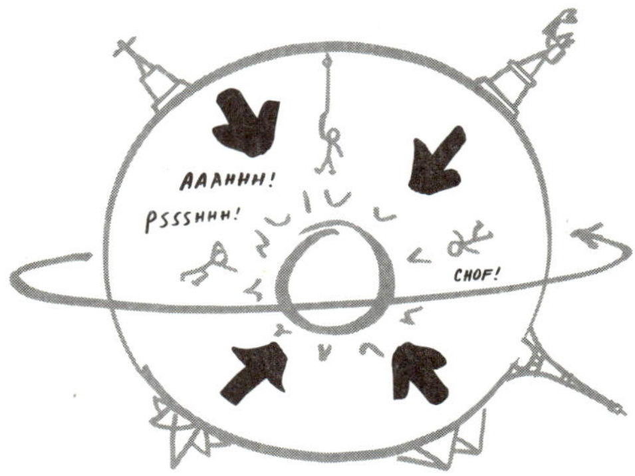

más densa que los elementos más densos de la tabla periódica. Una sola cucharada de arena pesaría millones de toneladas. Y dentro de la Tierra, además, no habría gravedad, como demuestra el Teorema de Gauss sobre los objetos huecos, así que lo único que pegaría al suelo a estas supuestas civilizaciones sería la fuerza centrífuga debida al giro del planeta (como el agua dentro de un cubo al girarlo sobre nuestras cabezas, o la ropa dentro de la lavadora al centrifugar). Esta fuerza sería máxima en el Ecuador y, aun así, sería 300 veces más débil que la gravedad. Sus habitantes no podrían evitar caerse irremediablemente de cabeza.

El interior de la Tierra, sin embargo, sigue presentando muchos misterios científicos. Y es que no hemos llegado demasiado abajo: el pozo más hondo perforado es el Pozo Superprofundo de Kola, en Rusia, de 12 kilómetros de profundidad. La fosa de las Marianas, de 11 kilómetros de hondo, es el punto más profundo del océano: allá abajo se sumergió el director de cine James Cameron (el de *Titanic* y *Terminator*) metido en un resistente batiscafo, convirtiéndose en el primer ser humano en explorar esta fosa (como contaría en la película documental de 2014 *Desafío en las profundidades*). Pero estas profundidades representan solo el 0,1 % del radio de la Tierra. El resto, aunque predecible, es todo un misterio que nuestro planeta guarda en su interior.

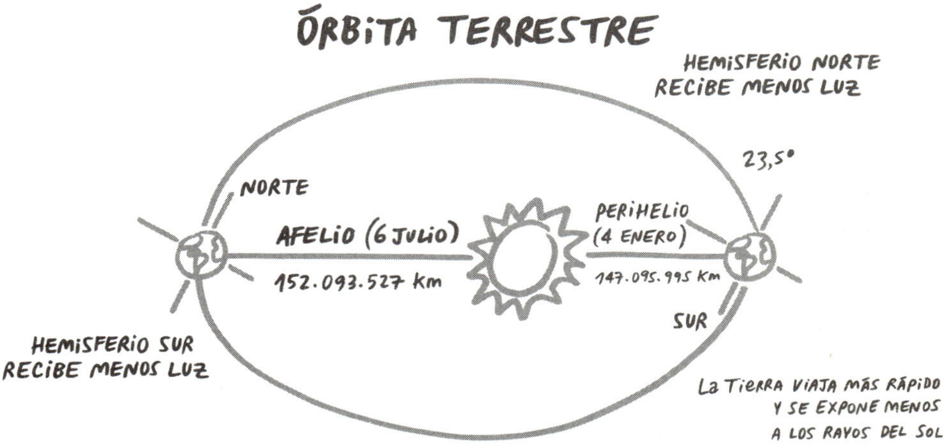

He lanzado esta pregunta en las redes sociales: «¿Por qué existen las estaciones?».

Y vuestra sabiduría ha hablado:

Instagram:

josegarcor: Porque si no no podría ir en AVE desde Sevilla a Madrid #chistaco

mgm_5: Porque tendríamos solo entonces pizza 4 quesos, y no mola.

Facebook:

Mararía Mararía: Es una respuesta de la naturaleza ante los cambios para sobrevivir... pero no sé mucho más, que vivo en Canarias.

16
¿Por qué el cielo es azul?

«Papá, ¿por qué el cielo es azul?», me preguntó mi hija, cuando era muy pequeña, durante unas vacaciones en la playa. Por aquel entonces, aun teniendo en cuenta mis limitados conocimientos de física, podría haberle dado toda una respuesta científica. Pero Marta solo tenía seis o siete años, no lo habría entendido, así que preferí darle la misma respuesta que mi madre me dio a mí a su edad: «El cielo es azul, cariño, porque se refleja en el mar, que es azul». Me pareció que la respuesta había logrado convencerla, pero levantó la cabeza y me replicó con otra pregunta: «¿No será al revés, papi? ¿No será azul el mar porque se refleja en el cielo, que es azul?».

Salvo en caso de nubes, contaminación o directamente porque es de noche, arriba, sobre nuestras cabezas, el cielo es azul. Sería extraño un cielo verde, o violeta, o de la mezcla de colores calientes en el opresivo cielo del cuadro *El grito*, de Edvard Munch. O de color vainilla, como el del título de la versión estadounidense de *Abre los ojos* (1997), de Amenábar, que desafortunadamente cambiaron por *Vanilla Sky* (2001).

¿Por qué el cielo es precisamente de color azul, si la luz que llega del Sol es de color blanco? Pues porque el color azul del cielo tiene que ver, precisamente, con la luz blanca del Sol. Ya vimos que la luz blanca es una mezcla de todos los colores de luz visible, desde el rojo (el color menor energético, de mayor longitud de onda y menor frecuencia) hasta el violeta (la luz de color más energético, de menor longitud de onda y mayor frecuencia). El ojo puede ver ese rango de frecuencia porque, como es en el que más energía emite el Sol, ha evolucionado adaptándose en mayor medida para captar estas frecuencias.

Más allá de la luz roja, en el espectro electromagnético, está la luz infrarroja (la que emiten los cuerpos debido a su temperatura y permiten los mecanismos de visión nocturna) o las ondas de radio, que captan los aparatos de radio (aunque ahora se escuchen muchos *podcasts* por internet). Todas estas frecuencias son menores que las de la luz visible y, por tanto, menos energéticas.

Por encima del azul está el ultravioleta (que nos produce quemaduras de piel en la playa) o los rayos gamma (que se emiten en reacciones nucleares y son muy peligrosos para los seres vivos, si bien han dado mucho juego a los guionistas de los cómics de superhéroes). Este tipo de luz es de mayor frecuencia que la luz visible y, en consecuencia, más energética. De entre todas estas frecuencias, nosotros, los seres humanos, solo podemos ver el espectro visible, del rojo al azul; los demás nos resultan invisibles. Y en todos los casos estamos hablando de radiación electromagnética, es decir, son vibraciones en el campo electromagnético que se expande por el espacio.

CURIOSIDAD CIENTÍFICA: Nuestro cerebro no capta el mundo tal y como es, sino que ofrece una interpretación a través de los sentidos disponibles. Quiero decir que hay luces que no vemos y sonidos que no oímos (es sabido que los perros pueden oír frecuencias de sonido inaudibles para los humanos, los ultrasonidos). Los astrofísicos utilizan diferentes frecuencias de luz para escudriñar el cielo; no ven los mismos tipos de objetos y fenómenos si analizan el firmamento con telescopios de luz visible, o de rayos X, o de ondas de radio, o de rayos ultravioleta; de hecho, en cada rango de luz el Universo muestra un aspecto muy diferente.

Y ahora, después de este breve recordatorio sobre los diferentes tipos de luz, podemos afrontar la cuestión de por qué el cielo es azul. Tiene que ver con la atmósfera de la Tierra. La luz blanca llega del Sol a la atmósfera (va tan rápido que tarda solo 8 minutos y 30 segundos; es decir, si el Sol se apagara de pronto, tardaríamos ese tiempo en darnos cuenta) y en la atmósfera sufre lo que llamamos Dispersión de Rayleigh (en honor a su descubridor, el físico británico lord Rayleigh, que estudió el fenómeno en torno a 1870). Esta dispersión se da cuando la radiación es diseminada por partículas mucho más pequeñas que la longitud de onda.

La Dispersión de Rayleigh, la desviación del recto camino de la luz, es inversamente proporcional a la cuarta potencia de su longitud de onda. Esto quiere decir que cuanto mayor sea la longitud de onda, menos se dispersará (por lo de «inversamente proporcional»); además, el valor de la longitud de onda tiene un gran peso en la dispersión, que será muy diferente de una longitud de onda pequeña a otra grande (por lo de la «cuarta potencia»).

En definitiva, que la luz roja (longitud de onda larga) se dispersa poco, mientras que la azul (longitud de onda corta) se dispersa mucho. Y la diferencia entre ambas dispersiones es muy grande. La luz roja entra en el aire y mantiene un camino recto, por eso en el crepúsculo vemos los tonos rojos alrededor del Sol, mientras que la luz azul se dispersa y empieza a rebotar y a rebotar por toda la atmósfera, tiñéndolo todo de azul. Allá donde miremos en el cielo, viene hacia nuestros ojos un rayo de luz azul. Como la luz azul se dispersa, además, vemos el sol algo amarillento. Pero, fuera de la atmósfera, el Sol se ve totalmente blanco en contraste con el fondo totalmente negro del espacio. Así, de color negro (ciertamente pesimista), veríamos en la Tierra el cielo si no fuese por la atmósfera.

CURIOSIDAD POP: «Mi silencio, azul. Tu inocencia, azul. Nuestro abrazo, azul», reza la letra de una de mis canciones favoritas, *Azul*, que cantan Elefantes junto a Enrique Bunbury. ¿Por qué azul? Probablemente porque este color, asociado también a la paz y a la tranquilidad, se relaciona, a nivel de la percepción mental, con estados de ánimo más bien bajos, depresivos o particularmente tristes. De ahí que los anglosajones se refieran a *blue* como sinónimo de tristeza («He was feeling blue»), el nombre del melancólico estilo musical o incluso el llamado Blue Monday, el tercer lunes de enero, presentado como el día más deprimente del año, refrendado incluso por una cuestionable ecuación seudocientífica que, entre otras variables, depende del poco dinero en la cuenta corriente tras las compras navideñas, la lejanía de nuevos días de vacaciones, un clima gélido de invierno y el estrés propio e insalvable de cada lunes. En España lo llamamos simplemente «cuesta de enero».

¿Y por qué se dispersa? Porque la luz, además de una onda, es una partícula, por esa extraña propiedad de la física cuántica, la dualidad onda-partícula (aunque Rayleigh hizo sus estudios antes del descubrimiento de las leyes cuánticas). La partícula de luz se llama fotón y fue descubierta por Albert Einstein en sus estudios sobre la naturaleza del efecto fotoeléctrico (que le valieron el Premio Nobel), el efecto que permite que las puertas se abran solas ante nuestra presencia en los centros comerciales y que las placas fotovoltaicas generen electricidad. Si consideramos la luz como un manojo de fotones de diferentes energías que inciden en la atmósfera, podemos imaginar cómo impactan esos fotones contra los granos de polvo y las gotas de agua que flotan en el aire y se desvían de su camino. Puesto que los fotones azules tienen mucha energía, rebotan por toda la atmósfera como si fueran bolas en una máquina del millón, haciendo que el cielo sea azul y no verde, ni violeta, ni beis, ni blanco hueso, ni turquesa. Ni vainilla.

He lanzado esta pregunta en las redes sociales: «¿Por qué el cielo es azul?».

Y vuestra sabiduría ha hablado:

Instagram:

heichou_bicho: Porque la mayor parte de la población del planeta no es daltónica ☺

Twitter:

@MisTuiteres: Filtros de instragam.

Facebook:

Samuel Baena Hayas: Para Cíclope es rojo. Todo es rojo para Cíclope.

17
¿Existe el tiempo?

«Si no me lo preguntan, lo sé; si me lo preguntan, lo ignoro.» Algo así dijo sobre el tiempo el filósofo san Agustín. Se refería a que todos sabemos lo que es el tiempo, porque experimentamos su transcurso y somos, de algún modo, esclavos de los horarios y los relojes. Nacemos, envejecemos y morimos (en el medio, con un poco de suerte, habremos hecho algunas cosas). Por otro lado, el presente es un misterio inasible: si decimos «ahora», ya no es ahora, porque ese ahora ya está en el pasado. Todo es muy raro y cada momento es único: *carpe diem*. Vivimos, pues, inmersos en esa cosa llamada tiempo, somos tiempo. No obstante, si nos piden que expliquemos qué es el tiempo, probablemente nos falten las palabras y se nos quede cara de tontos. El tema es peliagudo. Como dijo en una ocasión Albert Einstein, para los científicos «el tiempo es solo una ilusión».

El tiempo ha sido concebido de maneras muy diversas en distintas épocas y culturas. Por ejemplo, para muchas tradiciones orientales el tiempo tiene naturaleza circular, cíclica; el Universo se crea y se destruye (eso hace el dios hindú Shiva), y las personas están inmersas en un ciclo de reencarnaciones. Es el mito del eterno retorno, del que también habló Nietzsche, esa idea por la cual la historia se repetirá infinidad de veces. En Occidente, en cambio, la idea predominante ha sido la del tiempo lineal. Dios crea el Universo y el tiempo transcurre eternamente hacia el futuro, hacia el Juicio final. La Ilustración contempla un tiempo lineal que, razón mediante, avanza hacia el progreso. Para los marxistas es la lucha de clases lo que mueve la historia, que se dirige, inevitablemente, hacia la revolución y el comunismo. Son todos ellos relatos lineales del tiempo, que transcurre del pasado hacia el futuro sin repetición.

¿Qué dice la ciencia sobre el tiempo? Los científicos asocian el tiempo con el cambio. Fíjate en una cosa: si todo estuviese quieto, si nada cambiase, no podríamos hablar de paso del tiempo. De hecho, utilizamos el movimiento regular para medirlo: el movimiento del segundero, el del péndulo, el del Sol en el cielo o el de la Tierra alrededor del Sol. El tiempo es una dimensión física que, junto con las tres dimensiones espaciales, sirve para situar un evento. Por ejemplo, si quieres concertar una cita, tienes que quedar en un sitio (las coordenadas espaciales) y a una hora (la temporal). Sin embargo, el tiempo tiene una cualidad inquietante que lo diferencia del espacio: mientras que uno puede moverse en el espacio, a izquierda y derecha, hacia delante y hacia atrás, arriba y abajo, el tiempo solo puede moverse hacia delante, siempre hacia delante. El futuro, además, es notablemente diferente del pasado. Por ejemplo, conocemos el pasado, pero desconocemos el futuro. De hecho, existe una magnitud termodinámica, la entropía, que mide el desorden de un sistema, y que nos da una idea de hacia dónde apunta la llamada «flecha del tiempo»: todo sucede de tal forma que aumenta la entropía, el desorden (tema en el que ahondaremos en el siguiente capítulo). Todo está cada vez más desordenado, y el tiempo fluye a favor de ese desorden creciente. Y aunque se ha soñado mucho con una máquina del tiempo, nadie ha logrado construir una.

Para la física newtoniana, la física clásica, el tiempo es una magnitud absoluta, que transcurre siempre igual y que todos los observadores perciben de la misma manera. Ningún acontecimiento del mundo afecta al tiempo, que avanza obstinado y a su bola, de forma independiente. Es una idea intuitiva; en nuestra vida cotidiana vemos el ritmo regular de los relojes, que avanzan inmutables, aunque dentro de nuestra cabeza también exista un tiempo psicológico, que a veces pasa más lento, como cuando nos aburrimos, y otras veces más rápido, como cuando estamos en una fiesta (¡qué pronto se acaban las fiestas!). Cuando recordamos nuestra infancia, sentimos que entonces una hora duraba un año, y un año, una eternidad. Era como si el tiempo apenas pasase; con la edad, en cambio, parece que cada vez corre más rápido. *Tempus fugit*, el tiempo vuela. Como explican los psicólogos, esto se debe a que, cuando somos niños, todo es novedoso y eso hace que el tiempo corra despacio. Así que, si quieres suavizar el paso de los años, intenta hacer siempre cosas nuevas, y muchas. Tu percepción del tiempo se dilatará. Guerra contra la rutina.

La Relatividad de Einstein contemplaba el tiempo como una dimensión relacionada con las espaciales en el tejido que llamamos espacio-tiempo. En este caso, el tiempo ya no avanza ajeno a los acontecimientos, sino que depende también del movimiento; como vimos en el primer capítulo: cuanto más rápido viajas, más lento transcurre el tiempo, hasta el punto de que se detiene a la velocidad de la luz. En la Relatividad General, que se ocupa de los efectos gravitatorios, se ve que el tiempo, además de depender del movimiento, depende de la intensidad del campo gravitatorio: cuanto más intenso es el campo, más lento pasa el tiempo, de modo que transcurre más lento en un sótano que en un ático. Recuerda: si quieres envejecer menos, puedes vivir en un sótano, aunque, como sabes, el efecto es tan pequeño que no lo notarás. Como ves, este tipo de tiempo einsteniano es cambiante, flexible, muy diferente del newtoniano. Salvador Dalí se inspiró en estas ideas para crear sus famosos relojes blandos.

Y aunque el tiempo nos parezca este río que no cesa de fluir, para algunos físicos, como el británico Julian Barbour, el Universo es estático, y el tiempo es solo una forma de interpretarlo. Como si, de alguna manera, fuera nuestra conciencia la que se trasladara por diferentes momentos de la historia, pero en realidad el tiempo no corriese. Es decir, que el tiempo, como tal, no existe.

He lanzado esta pregunta en las redes sociales: «¿Por qué no podemos viajar al pasado?».

Y vuestra sabiduría ha hablado:

Instagram:

tonyrivas_01: Las leyes intergalácticas nos lo impiden... y es una multa de las gordas!!!

Twitter:

@RamonBet: Dos cervezas y música de los ochenta, ¿quién dijo que no se viaja al pasado?

Facebook:

Danilo Puri Gomez: Porque no tengo plutonio para el condensador de flujos...

Jony Romero: Según Dragon Ball, el viajar en el tiempo es un insulto a los dioses y está prohibido.

Pilar Arias: Porque Doraemon nos ha enseñado que la podemos liar mucho si cambiamos algo, y que es mejor quedarse en el presente.

18
¿Por qué el Universo y tu habitación tienden siempre al máximo desorden?

Parece que la habitación siempre tiende a desordenarse: la cama se deshace, la ropa se va diseminando por las esquinas, los libros pierden su justo orden en la estantería para extenderse por la mesita de noche, los cojines duermen en el suelo... Cada día que amanece es preciso volver a poner todas las cosas en su sitio; lo raro es que se ordenen solas, y hay que invertir cierta energía para que todo esté como debe. Da un poco de pereza, pero, para bien o para mal, siempre será así.

Este podría ser un ejemplo de cómo funciona la naturaleza. En el Universo, los sistemas aislados tienden de forma espontánea a la mínima energía y el máximo desorden. Los físicos manejan una magnitud termodinámica que se refiere a ese desorden creciente, la ya mencionada entropía, un concepto que ha estimulado la imaginación de muchas personas incluso fuera del ámbito de la ciencia (de hecho, no es extraño oír mencionarla de vez en cuando en discursos artísticos o conversaciones de bar, no siempre utilizada con el debido rigor).

La particularidad de la entropía del Universo es que siempre va en aumento. Esta afirmación es lo que llamamos el Segundo Principio de la Termodinámica y es una de las leyes más importantes de las que vertebran nuestra realidad. Si bien la energía total del Universo nunca cambia (ni se crea ni se destruye), lo que corresponde al Primer Principio, la entropía, según el Segundo Principio, siempre crece. Esto, además, nos indica cómo suceden las cosas.

Por ejemplo, la entropía también nos dice en qué sentido apunta la flecha del tiempo, que va, como cualquier ser humano puede comprobar en su experiencia diaria, del pasado al futuro. Al contrario que el resto de las dimensiones espaciales (uno puede moverse de izquierda a derecha, adelante o atrás), la dimensión temporal es asimétrica: no podemos viajar hacia el pasado y todo transcurre irremediablemente hacia el futuro. Y, yendo hacia el futuro, la entropía siempre aumenta: la habitación siempre se desordena, y, si se te cae una copa de vino al suelo, se romperá en mil pedazos que se esparcirán por la alfombra pero sería digno de un videoclip que los pedazos, espontáneamente, volvieran a juntarse perfectamente para formar la copa de nuevo en la mano. Sería como rebobinar la vida, darle la vuelta a la flecha del tiempo, y eso no puede ser.

El concepto de entropía surgió en el contexto de la Revolución Industrial, en la segunda mitad del siglo XVIII, primero enunciado por Rudolf Clausius y luego matematizado por Ludwig Boltzmann. En aquella época, los seres humanos empezaron a diseñar y a manejar máquinas térmicas, como la máquina de vapor o la locomotora. Se observó entonces que el calor siempre fluye de los cuerpos más calientes a los menos calientes (los que hemos vivido en pareja sabemos que uno de los dos siempre tiene los pies más fríos que el otro y se tiende siempre al equilibrio). De ahí que un cuerpo frío, por ejemplo, a 25 °C, no cede su calor a un cuerpo a 100 °C, ni aun a costa de enfriarse más. Esto es fácil de entender si sabemos que la temperatura de un cuerpo es la vibración de sus moléculas: lo normal es que las moléculas que más vibran (las del cuerpo caliente) hagan vibrar (calienten) a las del cuerpo frío, pero no al revés. Así, el hielo, a menor temperatura, se derrite en el agua, desordenando su estructura sólida y enfriándose, disminuyendo su temperatura. Las neveras, en cambio, enfrían aún más los alimentos en un ambiente que está más caliente, pero tienen truco: es preciso que las enchufemos a la corriente para aportar un extra de energía.

El cuerpo humano llama la atención: es un sistema que no está en equilibrio termodinámico. Aunque haga mucho frío, el cuerpo no se enfría hasta estar a la misma temperatura que el ambiente, ni se pone a 40 °C en el verano de Sevilla; siempre se encuentra en torno a los 36 °C, que es la temperatura óptima para su funcionamiento (excepto cuando tenemos fiebre o hipotermia, situaciones poco recomendables). Además, el cuerpo está lejos del desorden, continuamente está construyendo un complejo orden en forma de orgánulos celulares, células, tejidos, órganos... ¿Cómo es posible que violemos de esta forma tan flagrante las leyes de la termodinámica? Pues usando la energía que continuamente utilizamos y que obtenemos de esas cinco comidas al día que recomiendan que hagamos. Además, el cuerpo humano ingiere materia compleja y la degrada, generando dióxido de carbono (CO_2) en la respiración y amoníaco y otros desechos en la digestión. Aumentamos nuestro orden desordenando el entorno. Vivimos en una constante lucha contra la entropía. Si uno llega al equilibrio termodinámico con el entorno, son malas noticias: es que estamos muertos. Los cadáveres están más fríos.

CURIOSIDAD CIENTÍFICA: Si es cierto que el calor solo fluye de los cuerpos más calientes a los más fríos y que lo contrario solo puede ocurrir con un aporte extra de algún tipo de energía, entonces ¿cómo funcionan los botijos, una de las obras de ingeniería más simples y efectivas? Para que te hagas una idea de su potencial, a una temperatura ambiente de unos 30 °C, este simple recipiente (usado ya en la antigua Roma) es capaz de enfriar el agua de su interior hasta 10 °C. Y además muy rápido, en menos de una hora. Se debe a la porosidad de su superficie, que permite que el agua en su interior pueda salir a la superficie (de ahí que se use el término «sudar» para describirlo; al fin y al cabo, es lo mismo que hace nuestro cuerpo para intentar reducir su temperatura). Cuando los líquidos se encuentran calientes, es decir, cuando tienen cierta energía, sus moléculas se mueven de un lado a otro, chocando unas con otras, y más cuanto mayor es la temperatura. ▶

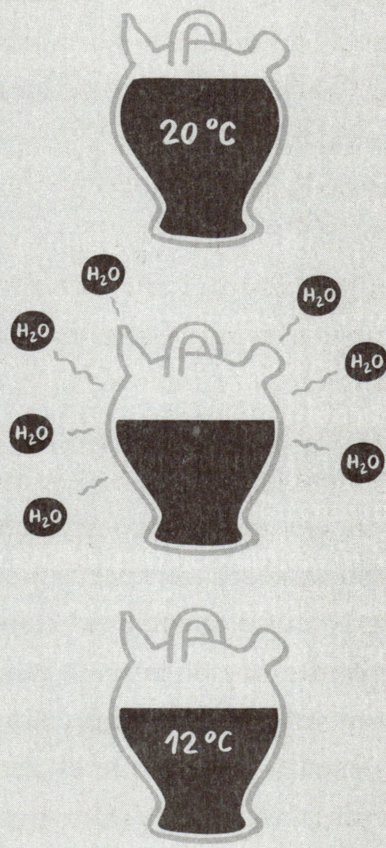

▶ Dentro del botijo, esas moléculas «calientes y revoltosas», golpeadas por las moléculas vecinas, saltan hacia arriba y se mezclan con el aire, formándose una fina nube de vapor de agua en torno a su superficie interna, que terminan escapando debido a los poros que presenta la arcilla con la que inteligentemente se ha diseñado y fabricado. Todas esas moléculas fugitivas se llevan consigo la energía que poseen y, poco a poco, comienza a haber menos colisiones en el seno del líquido, que se enfría.

Como dato curioso, Gabriel Pinto y José Ignacio Zubizarreta, investigadores españoles de la Universidad Politécnica de Madrid, plantearon ecuaciones dinámicas para un botijo esférico que describían científicamente su funcionamiento, simple, pero muy efectivo.

Una de las perspectivas para el Universo es precisamente esta, la de la muerte térmica, cuando la entropía haya llegado a su máximo y todo cuanto existe esté en equilibrio termodinámico. El Universo estará ya frío, cerca del cero absoluto de temperatura e inerte para la eternidad, de forma inevitable, con la energía repartida uniformemente y sin manera de realizar ningún trabajo, como si se le hubiesen acabado las pilas. Pero para esto falta mucho, mucho, mucho tiempo, dentro de 10^{100} años (un diez seguido de cien ceros).

Otra consecuencia —esta más prosaica— del Segundo Principio es que algo de la energía que se aporta para realizar un trabajo siempre se pierde en el proceso (no se puede lograr una eficiencia del cien por cien), y lo hace en forma de calor: las máquinas se calientan cuando están en funcionamiento, y esa energía calorífica no se utiliza para realizar el trabajo para el que están destinadas. Siempre vamos a perder en forma de calor algo de la energía que invertimos; en cuestión energética, una máquina nunca da más (ni siquiera lo mismo) de lo que se invierte en ella. Esta es la razón por la que la termodinámica prohíbe la existencia de un móvil perpetuo, es decir, de un ingenio que se mueva eternamente convirtiendo energía en trabajo, sin pérdidas de energía y sin aporte de energía adicional, sin batería, sin combustible de ningún tipo. A través de la historia, numerosos inventores han ideado los ingenios más originales para demostrar la posibilidad de un móvil perpetuo. Sin ningún éxito, claro.

Además, la entropía también informa de la reversibilidad o irreversibilidad de un proceso, de si las cosas tienen vuelta atrás. Por ejemplo, si viertes un sobre de azúcar en un vaso de agua y lo revuelves con una cucharilla, el azúcar se disolverá en el agua; en cambio, si a continuación revuelves con la cucharilla, pero haciéndola girar en el sentido contrario, los cristales de azúcar no volverán a formarse, sino que se quedarán disueltos, tal y como estaban. ¿Por qué ocurre esto? Pues porque el desorden del sistema, su entropía, ha aumentado: las moléculas de azúcar han abandonado la estructura ordenada y cristalina para mezclarse con las moléculas de agua. Es un proceso irreversible. Los procesos en los que no hay un intercambio de calor con el entorno (procesos adiabáticos) solo son reversibles cuando la entropía permanece constante, cosa que también puede ocurrir. Si observamos un fenómeno en el que la entropía disminuye de forma espontánea es porque la entropía en su entorno está aumentando, de modo que el balance total es el aumento que prescribe la ciencia. Por supuesto, si aplicamos un trabajo, sí podemos disminuir la entropía, como cuando ordenamos nuestra habitación. No es algo espontáneo, porque, como sabes, ordenar requiere su esfuerzo.

Ya lo dijo Homer en un episodio de *Los Simpson*: «¡Lisa, en esta casa se obedecen las leyes de la termodinámica!».

He lanzado esta pregunta en las redes sociales: «¿Por qué el Universo y tu habitación tienden siempre al máximo desorden?».

Y vuestra sabiduría ha hablado:

Instagram:

andejuji17: Entropía. Menos mal que siempre hay una madre para frenarla.

Twitter:

@sun_rt: No es desorden, es decoración abstracta.

Facebook:

Carmen Peñalver Leon: ¡Anda! ¿Lo del Universo también lo ha desordenado mi hijo? ¡Juan, ve y recógelo ahora mismo!

Silvia Cp: Porque tu madre no te ha enseñado la zapatilla. Jejeje.

19
¿Seremos cíborgs en el futuro?

Según las leyes de la evolución que descubrió Charles Darwin, la vida en la Tierra ha ido evolucionando desde una solitaria célula primordial (la tataratataratatara… abuela de todos los seres vivos que han poblado la faz del planeta) hasta alcanzar la enorme diversidad de formas de vida que se encuentran en todos los hábitats terráqueos. De los más pequeños insectos a las ballenas y los elefantes, de las bacterias y los protozoos a los seres humanos, que dentro de su cráneo portan la máquina más prodigiosa conocida hasta ahora: el cerebro. Y todavía nos quedan miles de especies por descubrir.

Toda esta evolución ha sucedido de manera algo azarosa, según las leyes de la selección natural, es decir, de la supervivencia de los más aptos, los que mejor se adaptan al entorno. En la naturaleza, esos son los individuos que sobreviven y logran el fin para el que están diseñados, que es el de reproducirse, pasando sus genes a las siguientes generaciones. Así avanza la evolución, de manera ciega. Sin embargo, el hombre actual ha logrado un cambio sustancial: no se adapta tanto al entorno como se adapta el entorno a sus propias necesidades. Fíjate: vivimos en casas en las que si abrimos un grifo obtenemos agua y si damos a un interruptor se hace la luz; además, las paredes y el techo nos protegen de peligros e inclemencias del tiempo, y la calefacción nos mantiene calentitos. La civilización es muy diferente de la jungla. No parece que tengamos una gran necesidad de adaptarnos a un entorno hostil, de competir por la vida para conseguir perpetuar nuestros genes. Tenemos sofá, wifi y PlayStation.

Podría ser que la evolución biológica como tal haya terminado respecto a la raza humana y, a partir de ahora, la evolución tenga que ver precisamente con cosas como el wifi y la PlayStation, es decir, con la tecnología. En adelante es probable que no evolucionemos en lo referente a nuestro ADN, mediante procesos lentísimos que a veces requieren miles o millones de años, sino mediante mejoras tecnológicas, que pueden ocurrir en gran cantidad en solo un puñado de años (piensa en cuántos años tiene internet o, mejor, los *smartphones*). Es lo que propone el movimiento transhumanista.

CURIOSIDAD CIENTÍFICA: En 1959, Richard Feynman, todo un visionario, ya hablaba de la ventaja de trabajar a escala nanométrica (un nanómetro equivale a una billonésima parte de un metro). Tras los pasos de Feynman, considerado el padre de la nanociencia, Eric Drexler, en la década de los ochenta, especulaba ▶

▶ ya con la construcción de nanomáquinas hechas de átomos, capaces además de construir por sí mismas otros componentes moleculares. Ya no hablamos de naves miniaturizadas con personas en su interior viajando por el cuerpo humano, como en la película *Innerspace* (1987) de Spielberg (traducida en España como *El chip prodigioso*), sino que surgía una nueva área de estudio que comprende otras como la biología, la química, la física, la ciencia de materiales o la ingeniería, y que tiene hoy una gran importancia en campos como la informática, las comunicaciones, la microelectrónica y, sobre todo, la biotecnología y la medicina; principalmente, en lo relativo a monitorización, reparación de tejidos, control de la evolución de las enfermedades, defensa y mejora de los sistemas biológicos humanos, diagnóstico, tratamiento y prevención, alivio del dolor, prevención de la salud, administración de medicamentos a las células, etc. Hoy en día ya es toda una realidad y usamos nanopartículas en el ámbito de nuevas técnicas de diagnóstico e imagen, como vehículos transportadores de fármacos dirigidos en exclusiva al órgano afectado o reparadores en miniatura de tejidos y órganos dañados. Los fármacos, encapsulados en agentes nanométricos, mejoran su estabilidad, solubilidad y biodistribución, y podrán ser más efectivos, requiriendo menos dosis, reduciendo sus efectos secundarios y mejorando nuestras vidas. Sus aplicaciones son infinitas para ▶

▶ enfermedades como el cáncer, enfermedades neurodegenerativas, autoinmunitarias, cardiovasculares, etc., si bien todavía nos queda mucho por investigar hasta que podamos dominar todos los rincones de esta nueva dimensión, la nanodimensión.

Los transhumanistas dicen que gracias a la tecnología seremos más longevos, más felices, y disfrutaremos de una mayor calidad de vida y dispondremos de más habilidades personales. La fase transhumana culminará en lo que llaman «posthumanidad», que quizá ya no tenga nada que ver con la humanidad; por ejemplo, puede que seamos inteligencias incorpóreas metidas en memorias USB, como la inteligencia artificial Siri o esa de la que se enamora el personaje de Joaquin Phoenix en la película *Her* (2013), de Spike Jonze. ¿Te imaginas pasar de tu cuerpo físico a convertirte en un perfil de Facebook para el resto de la eternidad? En defensa de las ideas transhumanistas está la asociación Humanity+ (antes conocida como Asociación Transhumanista Mundial), fundada por los prominentes filósofos transhumanistas Nick Bostrom y David Pearce.

Lo transhumano no es una entelequia. Ya vemos gente que mejora su cuerpo mediante la tecnología. El británico Neil Harbisson padece una enfermedad que le impide distinguir los colores (ve en escala de grises). Un dispositivo que le sale de la parte trasera de la cabeza, como una antena, le ayuda a diferenciarlos mediante la vibración; incluso puede percibir colores invisibles para el resto de los mortales, como el ultravioleta y el infrarrojo. Harbisson es cofundador de la Fundación Cyborg, que pretende, precisamente, ayudar a los humanos a convertirse en cíborgs.

Más allá de la ciencia ficción, del T-100 de *Terminator* o de los replicantes de *Blade Runner*, un cíborg (de *cyber*, 'cibernético', y *organism*, 'organismo') es una criatura compuesta de elementos orgánicos y dispositivos cibernéticos generalmente con la intención de mejorar nuestras capacidades orgánicas mediante el uso de tecnología o restaurar funciones perdidas en órganos y extremidades.

El *biohacker* Tim Cannon ya se inserta chips y otros dispositivos electrónicos bajo la piel. Hay quien dice que el *smartphone* ya es una parte más de nuestro organismo y que nos convierte en cíborgs, cosa no tan extraña si tenemos en cuenta lo dependientes que somos ya de este aparato, como si fuera un órgano más de nuestro cuerpo. Y también hay quien afirma que lo somos desde hace décadas con el invento de algo tan inocente como las primeras gafas, lo cual tiene sentido: las gafas o las lentillas son instrumentos tecnológicos que llevamos instalados en el cuerpo, en plena cara, aunque nos resulten objetos tan familiares que por eso no nos parezcan algo extraño. Según su definición, incluso una persona a la que se le haya implantado un marcapasos podría considerarse como tal: ni siquiera podría sobrevivir sin él. Quizá todos seamos ya cíborgs de una manera u otra.

HÉROES SIN CAPA: El británico Kevin Warwick ha sido probablemente la figura más importante en el desarrollo de una verdadera unión entre humanos y máquinas. En 1998 llevó a cabo el experimento Cyborg 1.0, al implantarse bajo la piel un chip de identificación por radiofrecuencia (RFID, por sus siglas en inglés) con el que podía abrir puertas, encender luces y controlar una instalación domótica gracias a la señal que emitía. Un segundo experimento, todavía más importante, fue el Cyborg 2.0, en 2004, cuando se lo implantó en el sistema nervioso; fue capaz de conectarse a internet en la Universidad de Columbia (Nueva York, Estados Unidos) y logró mover un brazo robótico situado en la Universidad de Reading (Inglaterra, Reino Unido). Lo fascinante es que Warwick está convencido de su uso para poder comunicarnos de manera «telepática», y por eso implantó también un microchip a su esposa, estableciendo la primera comunicación puramente electrónica entre dos sistemas nerviosos humanos. Probablemente dentro de no muchos años podremos llevar los móviles y las tarjetas de crédito con nosotros, bajo la piel. Y ya nunca se nos volverá a olvidar nada cuando vayamos a hacer la compra.

Otro concepto clave es el de la «singularidad tecnológica». Promovido por el ingeniero y visionario de Google Ray

Kurzweil, describe una tecnología que, como estamos viendo, avanza cada vez más rápido, de manera exponencial. Llegará un momento en que la tecnología, y especialmente la inteligencia artificial, avanzará tanto que superará a la inteligencia humana. Los más optimistas (por llamarlos de alguna manera) opinan que esto podría darse a mediados de este siglo. Como hemos comentado en un capítulo anterior, podría ser que las máquinas superaran a sus propios creadores, incluso que los destruyesen, como un hijo furioso. Por eso, muchas voces de reputados científicos y visionarios, como el cosmólogo Stephen Hawking o el fundador de la compañía Tesla Elon Musk, ya se han levantado para pedir que el desarrollo de la inteligencia artificial sea controlado.

Algunas de las críticas que se hacen al transhumanismo y a la posthumanidad son, por ejemplo, que los humanos pierdan sus esencias (algunas todavía no desarrolladas del todo) o que las mejoras en el cuerpo solo estén disponibles para los más ricos, creando así una humanidad aún más diferenciada entre los que pueden pagar por evolucionar y los que no; algo parecido a lo que ocurre en la película *Elysium* (2013), en la que los ricos huyen a un evolucionado satélite, dejando a los pobres en una Tierra devastada por la guerra, la falta de recursos y la pobreza generalizada, en plan *Mad Max* (1979). A los críticos con estas ideas a menudo se les ha llamado «bioconservacionistas» y provienen de todo el espectro ideológico.

CURIOSIDAD CIENTÍFICA: Algunos hechos se oponen a la singularidad tecnológica. El desarrollo exponencial de la tecnología empieza con la llamada Ley de Moore. Según esta ley (empírica, basada en la observación de los hechos, no inexorable), enunciada en 1967 por Gordon Moore, cofundador de Intel, la potencia de la tecnología se duplica cada dos años, mientras que el precio se divide por la mitad. Eso lo podemos ver en cómo los ordenadores son mucho más potentes que hace unos años y, también, mucho más baratos. Esto provoca el acelerón exponencial de la tecnología que ha cambiado el mundo en pocos años; y, si no, fíjate con qué velocidad aparecieron internet, el *smartphone* y las redes sociales, o cómo siguen desarrollándose a velocidad de vértigo aplicaciones como el Big Data, el internet de las cosas o la realidad virtual.

Sin embargo, el propio Gordon Moore, entre otros, avisa de que ese acelerón tecnológico no va a durar para siempre. Una de las razones es el número de transistores que se pueden montar en un procesador: los transistores cada vez son más pequeños, ahora se imprimen por millones en obleas de silicio, pero pronto no podrán menguar más porque están llegando al tamaño del átomo. Esa dependencia del tamaño presenta varios problemas. Para empezar, nada puede ser más pequeño que un átomo (excepto las partículas elemen-

tales) porque todo está hecho de átomos; además, los chips se sobrecalientan y aparecen efectos cuánticos que entorpecen su funcionamiento. Quizá el futuro sea el ordenador cuántico, que aprovecha las extrañas propiedades del mundo subatómico para operar de una manera tan diferente que ni siquiera podemos imaginar ahora todas las aplicaciones. Paul Allen, cofundador de Microsoft, llama «freno de la complejidad» a la dificultad de avanzar conforme la ciencia y la tecnología son cada vez más enrevesadas. Por ejemplo, el reto de simular el cerebro humano con tecnología electrónica es de una complejidad altísima.

Pero, sea como sea, la cosa da vértigo.

He lanzado esta pregunta en las redes sociales: «¿Seremos algún día cíborgs?».

Y vuestra sabiduría ha hablado:

Facebook:

Diana Campos: Uy no, qué pereza… solo por no pitar el metal en los arcos de seguridad renuncio ahora mismo a serlo

Jhonatan Armas Ascate: Sara Connor canceló el día del juicio, así que no seremos cíborgs… jaja

En 2012 Felix Baumgartner se convirtió en el primer hombre en romper la barrera del sonido (340 m/s) al saltar desde 39.608 metros. ¿Qué le habría pasado si su traje hubiera sufrido algún daño a esa altura? ¿Habría ardido? No. ¿Explotado? Tampoco (aunque lo hayamos visto en las películas). Fluidos como su saliva o las mucosas de la garganta habrían hervido y se habría quedado seco.

Habrás visto alguna vez la imagen de un caza que parece emerger de una nube. El disco blanco se forma cuando el vapor de agua circundante se condensa a consecuencia de la onda de choque producida por un avión supersónico. **Este fenómeno se conoce como "Singularidad de Prandtl-Glauert". Incluso lo hace Superman en su última película.**

La proporción áurea o la divina proporción está relacionada con la sucesión de Fibonacci. En esta sucesión, cada número es la suma de los dos anteriores: 0, 1, 1, 2, 3, 5, 8, 13, 21, 34... Con estos números se describen unas espirales frecuentes en la naturaleza.

Kilian Jornet, corredor de montaña español, subió de una sola tirada el Everest sin utilizar cuerdas fijas ni oxígeno en 26 horas. ¿Lo haría porque sabe que en la cima del Everest el agua hierve a menor temperatura y le apetecían unos espagueti carbonara express? **Tal vez, pero en realidad, como él mismo dice, "El secreto está en hacer algo que te excite cada día y no vivir del pasado". La fe mueve montañas. En su caso, las devora.**

¿Sabes cuánto pesa el martillo de Thor? La leyenda dice que se forjó a partir de una estrella agonizante. Suponiendo que fuera una estrella de neutrones, el martillo alcanzaría los 5 billones de toneladas, lo justo para que yo no pueda levantarlo...

Kim Kardashian tiene millones de seguidores y sus publicaciones generan miles de likes y de retweets, pero lo que ocurrió con este tiene que ver (y mucho) con la ciencia. Millones de personas no se ponían de acuerdo: ¿Cómo es el vestido? ¿ Azul y negro o blanco y dorado? Parece que el original es el del medio, pero nuestro cerebro interpreta contextualmente la información. Dependiendo de la iluminación, del contraste del monitor e incluso de si venimos de la calle o de una habitación a oscuras, podemos verlo de forma diferente. Lo comparan con la famosa ilusión óptica que veis a la izquierda: Aunque parezca mentira, los cuadrados A y B son del mismo tono de gris.

El camarón mantis posee la visión más compleja conocida por la ciencia. Tiene doce tipos de fotorreceptores (nosotros solo tres) y cada ojo, que se mueve independientemente, está dividido en tres partes, lo que le permite ver tres imágenes de la presa al mismo tiempo. Tiene una visión tan excepcional que investigaciones científicas están estudiándolo para mejorar nuestros dispositivos de DVD.

A los zurdos se nos ha estudiado mucho desde el punto de vista de la ciencia: que si cobramos menos, que si controlamos peor nuestras emociones... Pero no todo es negativo, no creáis. En algunas tribus de Oceanía se cifran un número desproporcionado de zurdos. La razón es que, durante siglos, fueron más hábiles en el campo de batalla, pues sus rivales, que siempre entrenaban con diestros, no esperaban sus golpes. ¿Sabíais que Rafa Nadal en realidad no es zurdo? Su tío y entrenador, Toni, le hizo jugar con la izquierda cuando Rafa tenía nueve años pensando que así haría más daño a sus contrincantes. Y vaya si lo ha hecho...

¿Qué grosor tendría que tener el muro de *Juego de tronos* para soportar su propio peso? La pregunta se la hizo el físico Martin Truffer, de la Universidad de Alaska Fairbanks. Determinó que necesitaría una base cuarenta veces más ancha que la altura del muro, es decir, de casi ocho kilómetros y medio.

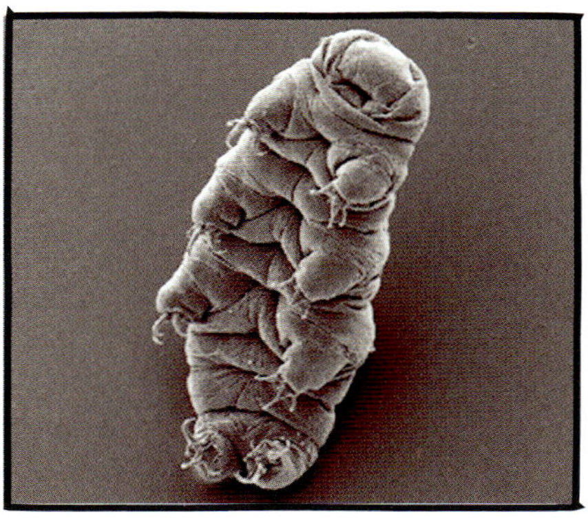

Este animal microscópico (*Hypsibius dujardini*) de 0,5 mm es la forma de vida más resistente del planeta. Puede sobrevivir treinta años sin comida ni agua, aguantar presiones seis mil veces superiores a la atmosférica, reparar su propio ADN y vivir en el vacío del espacio. **Si un asteroide o una explosión de rayos gamma devastaran la tierra, nosotros nos extinguiríamos pero él no.**

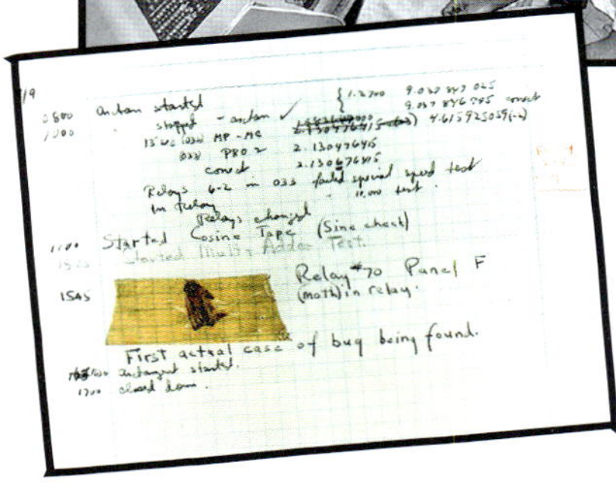

En 1947, la contraalmirante Grace Hooper, que trabajaba en la computadora Harvard Mark II, encontró un error debido al mal funcionamiento de un relé. **Descubrió que el fallo se debía a que una polilla había quedado atrapada en él.** Pegó el insecto con cinta en un diario. Desde entonces, a cualquier fallo informático se le asocia el nombre de *bug* («bicho» en inglés). Y *debugging*, a la depuración de programas para identificar y corregir errores de programación.

Un espejo refleja todos los colores de la imagen que tiene enfrente. Pero, debido a su composición habitual, el vidrio y el metal reflejan un poco mejor la longitud de onda que asociamos al verde. Así que, podría decirse que los espejos son verdes. Si colocamos un espejo frente a otro, la repetida absorción de la luz que no es verde nos irá dando una imagen verdosa.

Algún guionista de la serie *Perdidos* debía de conocer a Michael Faraday, uno de los físicos más importantes de la historia, y bautizó como Daniel Faraday a uno de los personajes. No es casualidad que fuera la mente más científica de la serie: descubre que la energía de la isla deforma el espacio-tiempo y crea agujeros de gusano para realizar viajes en el tiempo.

Gracias a Faraday supimos cómo producir electricidad, pero había que resolver el problema del almacenamiento y la distribución, una lucha titánica (que llamaron «la batalla de las corrientes») entre dos mentes privilegiadas: Thomas Alva Edison, todo un tiburón de los negocios, y Nikola Tesla, uno de mis héroes, que era mucho menos ambicioso (por suerte para nosotros).

Cuando conocí la historia de Hedy Lamarr (1914-2000) quedé impactado. Pero no porque terminara convirtiéndose en una reconocida actriz de Hollywood o le dijera que no al papel de Ilsa Lund en *Casablanca*, no. Lo que la hizo única es que fue coinventora de la primera versión del espectro ensanchado que permitiría las comunicaciones inalámbricas de larga distancia: la base de las comunicaciones modernas como el Bluetooth y el wifi. Sí, wifi, aquello por lo que suspiramos cuando no tenemos datos.

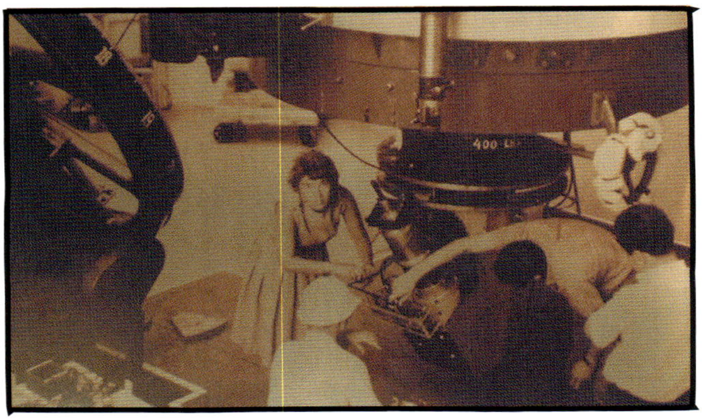

Cuando Vera Rubin terminó en 1948 sus estudios de Artes (que es lo que le recomendaron por ser mujer), intentó matricularse sin éxito en Princeton para estudiar Astronomía. Pero afortunadamente consiguió que la admitieran para estudiar Física en Cornell y, durante años, trabajó como científica e hizo grandes aportaciones sobre el conocimiento del universo y el movimiento de rotación de las galaxias, que más adelante sentaría las bases de la denominada «materia oscura». **Dedicó gran parte de su vida a conseguir que a las mujeres se les diera la oportunidad de emprender carreras científicas.**

20
¿Qué altura máxima puede alcanzar un castillo de arena?

Cuando era niño solo había dos canales de televisión, no teníamos internet, ni Netflix, ni videojuegos, ni ordenadores ni móviles. Solo decenas de amigos con los que jugar en la calle, un montón de libros y algunos juguetes, casi ninguno con pilas. Por eso, sobre todo en invierno, algunas tardes se me hacían eternas y me dio por pasar algunas de ellas construyendo castillos de naipes. 14, 11, 8, 5, 2... Mis primeras progresiones aritméticas, aunque todavía no sabía qué eran. Intenté hacerlos lo más altos que pude, pero o me quedaba sin cartas o estas terminaban derrumbándose bajo su propio peso. Y lo mismo me pasaba en la playa cuando intentaba hacer castillos de arena; llegados a una determinada altura, se desmoronaban.

Un elefante tarda mucho más en enfriarse que otros animales más pequeños como los roedores. La altura de un castillo de arena tiene un límite de altura tras el cual se desmorona. Las burbujas de champán suben a una velocidad acelerada. No pueden existir los gigantes.

Fenómenos tan dispares como estos, que no parecen tener nada en común, se rigen por una misma ley, la ley del cuadrado-cubo o cuadrático-cúbica, que viene a decir que el tamaño sí importa, y mucho. Esta ley tiene que ver con cómo los números crecen cuando están elevados al cuadrado y al cubo.

Veamos la serie de los números naturales: 1, 2, 3, 4, 5…

Ahora veamos cómo crecen elevados al cuadrado: 1, 4, 9, 16, 25…

Y ahora, al cubo: 1, 8, 27, 64, 125…

Como se ve en los ejemplos, la serie al cuadrado crece más que la serie natural, y la serie cúbica todavía más. Se puede tomar el quinto término como ejemplo: en la primera serie es el 5, en la segunda el 25 y en la tercera el 125. Es decir, si tenemos un balón de radio 1 y multiplicamos su tamaño por 5, la superficie se multiplicaría por 25, pero su volumen, por 125. Esta relación entre superficie y volumen es la fundamental a la hora de comprender muchos fenómenos naturales.

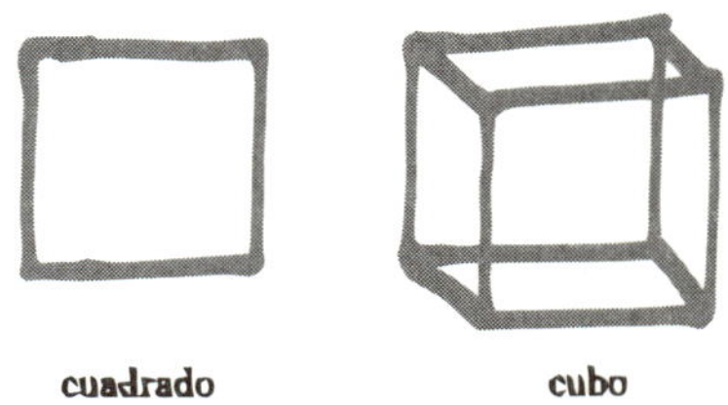

¿Para qué observamos esto? La razón es geométrica. El volumen de un cuerpo crece con el cubo y la superficie lo hace con el cuadrado. Es decir: si un cuerpo aumenta de tamaño, crece mucho más su volumen (al cubo) que su superficie (al cuadrado). Si inflamos un globo, podemos comprobarlo con facilidad: aumenta el volumen (el aire que contiene)

mucho más que la superficie. Esto es lo que viene a llamarse la antes mencionada ley del cuadrado-cubo, que fue enunciada por Galileo Galilei en 1638. Pero veamos ahora algunos vistosos ejemplos del alcance de esta sencilla e intuitiva ley en terrenos como la física, la ingeniería o la biología.

CURIOSIDAD POP: La primera vez que vi el muro que protege los Siete Reinos (de nuevo el siete) de los Caminantes Blancos (*Juego de tronos*), se me paró el pulso. Grandioso: 244 metros de altura (la Gran Muralla China solo alcanza los 7 metros) construidos de puro hielo. ¿Sería posible que el ser humano construyera un muro así? En la Antártida, Groenlandia y Canadá existen plataformas de hielo flotantes (*ice shelves*) desprendidas de algunos glaciares que en algunos casos alcanzan unos imponentes 30 metros de altura (los primeros exploradores del Ártico las llamaron Gran Barrera (*Great Barrier*) y pueden alcanzar, como en el caso de la barrera de hielo de Larsen, de 200 a 700 metros de espesor. Incluso así, están muy lejos de superar los 2.000 metros de altura. ¿Cuánto tendría que ser el grosor del muro para que soportase su propio peso? La pregunta también se la hizo el físico Martin Truffer, de la Universidad de Alaska Fairbanks, quien sabe bien que el hielo tiene una tendencia natural a deformarse y determinó que necesitaría una base cuarenta veces más ancha que la altura del muro, es decir, ▶

▶ de casi 8,5 kilómetros. Aun asumiendo que esto fuera posible, en ese caso el ángulo de las paredes del muro podría escalarse fácilmente, por lo que su forma actual en hielo caería un poco en la mera fantasía. Y los Caminantes Blancos (atención, *spoiler*) ya habrían llegado a Invernalia sin necesidad de rescatar de un lago helado a ningún dragón.

Por ejemplo, ¿podríamos aumentar el tamaño de un ser humano hasta convertirlo en un gigante? Resultaría problemático porque la fuerza depende de la sección transversal de los músculos, de lo gruesos que sean, y esto aumenta con el cuadrado. Nuestra masa, que depende proporcionalmente de la densidad (que debería ser la misma si queremos seguir siendo nosotros mismos) y el volumen (que evidentemente aumenta al cubo si nos hacemos gigantes), aumentaría también al cubo. Y, a mayor masa, mayor será nuestro peso y la fuerza que deberíamos ejercer para soportarlo. Conclusión: el gigante se derrumbaría, los huesos se quebrarían con el aumento desproporcionado del peso. Si ampliásemos una hormiga, encontraríamos que las patas de la hormiga monstruo no podrían sostener su peso. Los Godzilla o King Kong que vemos en el cine también acabarían por colapsar bajo su propio peso. Algo parecido es lo que pone un límite a la altura de los castillos de arena que construimos en las playas. Los mamíferos marinos, como las ballenas, pueden alcanzar grandes tamaños porque el empuje del agua hace que el factor peso se amortigüe. Y al contrario, gracias a la ley del cuadrado-cubo, los animales pequeños como las hormigas pueden levantar muchas veces su propio peso, o las pulgas pueden dar grandes saltos, porque su fuerza es muy grande con respecto a su tamaño, a su peso.

CURIOSIDAD CIENTÍFICA: Todo esto sería del máximo interés para Hank Pym, doctorado en Bioquímica y experto en física cuántica, robótica, inteligencia artificial, y entomología del universo Marvel (la de los superhéroes que son científicos, ¿no?), que conseguía reducir su tamaño como el Hombre Hormiga y aumentarlo como el Hombre Gigante. La verdad, nunca fue uno de mis superhéroes favoritos (aunque soy fan de las hormigas), pero supongo que poder reducir tu tamaño, poder comunicarte con ellas, poseer superfuerza (supongo que por aquello de que las hormigas son capaces de levantar cincuenta veces su propio peso) o que tu novia, Janet van Dyne, sea Wasp (la Avispa) no está nada mal. Lo del Hombre Gigante, también, aunque ya hemos visto que eso sería imposible, a no ser, claro, que la fuerza de tus músculos y la de tus huesos se eleve al cubo. O que le echemos imaginación. Las leyes del Universo real son diferentes de las del universo Marvel. Afortunadamente para nosotros.

Otra implicación biológica tiene que ver con el tamaño de los animales y sus necesidades energéticas. Por ejemplo, la relación entre la superficie (la piel) de un elefante, por la que pierde energía en forma de calor, y su tamaño le permite enfriarse más lentamente que la de un pequeño roedor, y, además, puede alimentarse con menor frecuencia. Esto es porque, en relación con su volumen, el ratón tiene una superficie más grande que el elefante, aunque parezca paradójico. El ratón pierde más energía a través de la piel y necesita más combustible para mantener su organismo en funcionamiento. Por esta razón, los mamíferos marinos (como las ballenas) son de gran tamaño. Si fueran más pequeños, perderían mucha energía a través de la piel en contacto con el agua fría que los rodea.

Cuando observamos una copa de champán, vemos que las burbujas se forman en el vidrio y suben hacia la superficie con mayor velocidad. El movimiento de las burbujas, la fuerza de sustentación, depende de su volumen y, por tanto, crece al cubo, al depender del cubo del radio. La sección de la burbuja es una circunferencia que depende del cuadrado del radio. En su camino hacia la superficie, la burbuja va creciendo al incluir más moléculas del gas CO_2 que la forman. Las burbujas se aceleran porque, al adquirir más volumen, adquieren a su vez mayor fuerza de flotación. La resistencia que el líquido dorado opone al movimiento de estas burbujas, que las frena, depende, en cambio, de la sección circular de la burbuja, que crece con el cuadrado. Así pues, aunque la resistencia al movimiento crece, lo hace aún más la fuerza de ascensión: la consecuencia lógica es que la burbuja acelera hasta llegar a romperse y disolverse en el aire. ¡Plop!

Un último consejo, que nos da mi amigo Javier Santaolalla, físico, ingeniero y también divulgador científico en YouTube: cuando vayamos a comprar patatas al supermercado, tenemos que elegir siempre las más grandes. Debido a la relación entre su volumen (lo que nos comemos) y su superficie (la piel) es preferible elegir las patatas más grandes. Gastaremos menos tiempo y energía en pelarlas, y haremos la tortilla de patatas de una manera mucho más científica y eficiente.

He lanzado esta pregunta en las redes sociales: «¿Cuál es el límite de altura para un castillo de arena?».

Y vuestra sabiduría ha hablado:

Twitter:

@Ramon2202Del: La altura dependerá del tipo de castillo, relleno tipo 'flan' o tipo hueco 'sagrada familia'.

Instagram:

heichou_bicho: La altura de un castillo de arena es proporcional a tu ritmo de trabajo y al tiempo que tarda un niño o una ola en destrozarlo 😉

21
Cómo clasificar las supuestas civilizaciones existentes en la Vía Láctea

Si en otro capítulo vimos la ecuación de Drake, que daba una estimación del número de civilizaciones desarrolladas que puede haber en nuestra galaxia, la Vía Láctea, ahora podemos dar un paso más allá y pensar en cómo clasificaríamos a esas civilizaciones.

En realidad, esto ya lo pensó, en 1964, el astrofísico soviético Nikolái Kardashov; por eso su criterio se llama escala Kardashov, que se basa en el nivel de energía que consigue utilizar una civilización. Según esto, habría tres tipos de civilizaciones:

Tipo I: las que utilizan tanta energía como todos los recursos energéticos de su planeta.

Tipo II: las que utilizan tanta energía como todos los recursos energéticos de su sistema planetario.

Tipo III: las que utilizan tanta energía como todos los recursos energéticos de su galaxia.

Como puedes comprobar, el señor Kardashov era un hombre con una vasta imaginación, algo, por cierto, muy útil en un científico. También te habrás dado cuenta de que la humilde civilización humana no llega ni al tipo I (en 2017 estaríamos en un 0,72, podría llamarse tipo 0), porque todavía no utiliza tanta energía como podrían dar todos los recursos que ofrece el planeta. Es obvio que las civilizaciones de tipos II y III requieren haber salido de su planeta y haber colonizado el espacio circundante, cosa que nosotros también estamos lejos de hacer. ¿Por qué se fijó Kardashov en la cantidad de energía empleada para construir su clasificación y no en otros factores? Pues porque el dominio de la energía es una buena muestra del nivel tecnológico de una civilización.

Se ha especulado con que la humanidad podría alcanzar el tipo I en uno o dos siglos, el tipo II en unos miles de años y el tipo III en entre 100.000 y un millón de años; aunque, como ya vimos con el caso de la ecuación de Drake, también se prevé que una civilización desarrollada se autodestruirá antes de que pasen dichas cantidades de tiempo.

¿Cuáles son las fuentes de energía propias de cada civilización? Pues las del tipo I nos pueden resultar familiares: las energías renovables y los combustibles fósiles (que algún día se agotarán) son las que conocemos, más otras por desarrollar; por ejemplo, la energía de fusión, que los científicos aún no han conseguido desarrollar en la Tierra y que vendrían a ser como las reacciones nucleares que generan la energía del Sol: fusionar átomos de forma limpia en vez de fisionarlos como se hace actualmente en las centrales nucleares, y con los problemas que ello conlleva. Además, podríamos usar el agua como combustible, así que habría combustible de sobra.

CURIOSIDAD POP: Indudablemente, no es la mejor película de las hermanas Wachowski, las responsables de *Matrix* (1999), pero al menos el guion de *El destino de Júpiter* (*Jupiter Ascending*, 2015) partía de una idea inquietante: la vida en la Tierra y en otros planetas ha sido propiciada, cual agricultores (o más bien apicultores, viendo cómo nos tratamos), por una familia de alienígenas que nos usan como mera materia prima para producir un tipo de suero que les permite vivir eternamente, una vez alcanzando un «estado darwiniano de perfección». Como curiosidad, cabe citar que varias de las escenas de la película fueron rodadas en Bilbao, en las proximidades del Guggenheim, y es lógico que así fuera: ya no solo por la espectacularidad de la obra del arquitecto canadiense Frank O. Gehry, sino también porque como cualquier bilbaíno te diría —mitad en serio, mitad en broma—, al fin y al cabo, Júpiter también está a las afueras de Bilbao.

Respecto a las civilizaciones de tipo II, podrían aplicar los métodos utilizados en la Tierra pero en un número mayor de planetas de un sistema solar. O, yendo más allá, podrían desarrollar formas de obtener energía que no podemos imaginar, y otras que ya hemos imaginado. La más llamativa es la esfera de Dyson, bautizada así en honor a Freeman Dyson, el científico que la propuso en 1960. Se trata de una gran esfera que cubre la estrella y capta toda la energía que emite. Por ejemplo, con una esfera de Dyson podríamos captar toda la energía que el Sol lanza en todas las direcciones, y no solo la pequeñísima fracción que recibimos en la Tierra; aunque, como puedes imaginar, construir una estructura tan mastodóntica como una esfera de Dyson no tiene pinta de ser una tarea fácil. Eso sí, aparece en algunas novelas de ciencia ficción, videojuegos y cómics de la Marvel.

Lo cierto es que la esfera de Dyson no sería una esfera sólida, como podría serlo un globo, que no soportaría las enormes tensiones y sería inestable, sino algo más, digamos, flexible. Por ejemplo, un enjambre de satélites recolectores de radiación que no dejasen escapar una pizca. La forma más sencilla sería el anillo de Dyson, algo así como uno de los anillos de Saturno pero formado por los satélites recolectores de energía.

Cuando Dyson propuso su idea de la esfera, animó a los astrónomos a buscar la radiación que emite al cosmos como una posible forma de buscar civilizaciones avanzadas extraterrestres (la estrella con esfera de Dyson no sería visible de forma directa, pero la esfera emitiría radiación infrarroja debido a su temperatura: eso es lo que veríamos).

CURIOSIDAD CIENTÍFICA: Desde 2015 hay científicos que están intentando dar explicación a los extraños cambios en la emisión de una estrella, la estrella de Tabby o KIC 8462852, situada entre las estrellas de las constelaciones del Cisne y la Lira, en la Vía Láctea. Aunque la probabilidad es baja y ahora se buscan otras explicaciones, se contempló que a su alrededor podría haber una esfera de Dyson. La han llamado «la estrella más misteriosa del Universo». Fascinante.

Por último, una civilización de tipo III, las que obtienen energía de toda una galaxia, sería parecida a los imperios galácticos que aparecen en la ciencia ficción, como el Imperio de *Star Wars* o los Borg de *Star Trek*. ¿Qué fuentes de energía podrían utilizar? Pues los agujeros negros supermasivos, los agujeros blancos (cuásares) o las erupciones de rayos gamma, que son algunos de los fenómenos más energéticos del Universo.

Según el físico y divulgador Michio Kaku, una de estas civilizaciones sería capaz incluso de abrir agujeros de gusano o puertas a otros universos. Una civilización de tipo III en otra galaxia también podría ser advertida desde nuestro planeta, así que han sido rastreadas por algunos grupos de investigación, pero sin éxito: al parecer, no existen en las «cercanías» de nuestra galaxia.

Los cuásares son fenómenos que surgen cuando un

enorme agujero negro (*supermassive black hole*, como el título de una de las canciones más famosas de Muse, mi grupo favorito) situado en el núcleo de una galaxia comienza a absorber toda la materia que encuentra en su cercanía. Aún hoy desconocemos por qué, pero cuando esto ocurre, por efecto de la enorme velocidad de rotación del disco de acreción formado, se produce una gigantesca cantidad de energía, liberada en forma de ondas de radio, luz, infrarrojo, ultravioleta y rayos X, lo que los convierte en los objetos más brillantes del Universo conocido.

CURIOSIDAD CIENTÍFICA: Nunca he visto un agujero de gusano y no está demostrado que existan, pero Einstein y Rosen creían en la existencia de túneles o atajos (puentes de Einstein-Rosen) para conectar dos puntos muy distantes del espacio-tiempo o de dos universos paralelos y llegar más rápidamente que si tuviéramos que viajar de uno a otro a la velocidad de la luz. Funcionarían igual que un gusano cuando atraviesa una manzana por dentro para llegar al otro lado, sin recorrerla por fuera; de ahí su nombre para describir un posible túnel en el hiperespacio, una dimensión producida por una distorsión del tiempo y la gravedad. Reales o no, dan un montón de juego a la ciencia ficción y estoy seguro de que los fans de *Star Trek* están encantados con su existencia.

Para Kaku, el momento más delicado es el actual, en el que se está pasando de una civilización de tipo 0 a una de tipo I, porque todavía tenemos una mentalidad algo salvaje y fanática, pasional y sectaria, además de peligrosas armas químicas, biológicas o nucleares. Define incluso al terrorismo como la reacción contra la creación de una civilización de tipo I. Afortunadamente, Kaku también piensa que las civilizaciones planetarias son tolerantes, cooperativas y avanzadas, y que han dejado atrás los problemas y las actitudes citadas. Y que avanzamos hacia ese escenario (quizá sea excesivamente optimista) con ejemplos como internet, la Unión Europea, la música pop global o el idioma inglés como lengua planetaria. Una vez alcanzado ese estadio, cuando nuestra civilización alcance el tipo I, según el físico, seremos prácticamente indestructibles. Me conformo por ahora con que empecemos a cuidar de nuestro planeta y aprendamos a escucharnos, a tolerarnos y a llevarnos bien.

22
¿Qué tiene que ver la gasolina sin plomo con la edad de la Tierra?

Hace tiempo que la gasolina que utilizamos como combustible para nuestros vehículos no tiene plomo, para fortuna de nuestra salud y nuestro medioambiente. La historia de cómo se logró esta mejora está ligada a la historia de un científico que fue el primero en calcular con fiabilidad la edad de la Tierra (más allá de las predicciones de la Biblia y otras) y cuya investigación le llevó a entrar en guerra con las empresas petroleras. Su nombre, Clair C. Patterson.

Patterson nació en Iowa en 1922 y se dedicó a la ciencia dentro de la disciplina de la geoquímica. Su gran proyecto era tratar de datar científicamente la edad de nuestro planeta, y el método empleado consistía en medir los isótopos de plomo en las rocas ígneas. Según el conocimiento de la física nuclear, los elementos radiactivos van transformándose lentamente en otros, produciendo la radiactividad natural de la Tierra, hasta llegar a ser elementos no radiactivos, como el plomo, que ya no se desintegran en otros. El plomo, de alguna manera, representa un tope en la cadena de la desintegración radiactiva.

El uranio es el elemento radiactivo más pesado de la tabla periódica de los elementos y va transformándose hasta llegar a plomo. Conociendo la tasa de desintegración del uranio, así como las cantidades de uranio y plomo en cada roca, es posible calcular el tiempo que ha pasado desde que se crearon estas rocas, es decir, la edad del planeta. Este era el inteligente plan de Patterson. Lo que encontró fue que la Tierra tiene unos 4.500 millones de años.

CURIOSIDAD CIENTÍFICA: En el siglo XVII, el arzobispo irlandés James Usher calculó, utilizando las generaciones de personajes que aparecen en las Sagradas Escrituras, que la Tierra nació el domingo 23 de octubre el año 4004 a.C. A pesar de lo preciso de la fecha (hasta el día de la semana), se equivocó de largo: de 4.000 años a 4.500 millones de años.

Pero volvamos a Patterson. Durante su proceso de investigación, el geoquímico halló otro dato muy preocupante: los niveles de plomo ambiental en su época eran realmente altísimos, sobre todo comparados con muestras del fondo del mar o de los hielos de Groenlandia y la Antártida, que daban idea de la presencia de este metal en otras épocas remotas. Las actuales se multiplicaban cientos de veces. De hecho, esto supuso un problema en sus pesquisas porque tuvo que trabajar en laboratorios totalmente aislados y libres de este elemento, sin contaminar, para que el plomo ambiental no interfiriera en su trabajo y diera resultados sesgados.

Fue entonces cuando comenzó la lucha de Patterson con las grandes y poderosas empresas petroleras, porque... ¿cuál era la razón de que hubiera tanto plomo en el ambiente? Parte del exceso se debía al tetraetilo de plomo que se utilizaba como detonante de la gasolina en los coches y que tras la combustión era liberado al medioambiente a través de los tubos de escape. Lo publicó en 1965 en su artículo «Entornos contaminados y naturales del hombre», en el que apuntaba a la influencia del plomo en el medio natural y la cadena alimentaria.

El plomo, un metal tóxico, se va almacenando en el organismo de los seres humanos (cerebro, hígado, riñones, huesos, dientes) y es especialmente peligroso en el caso de los niños pequeños, ya que puede afectar al desarrollo del cerebro y producir, además, anemia, hipertensión, disfunción renal, inmunotoxicidad y toxicidad reproductiva. Algunos de sus efectos pueden ser irreversibles, o incluso letales. No era raro, pues, que algunos de los trabajadores que manipulaban plomo en la industria se volvieran locos. Hasta hay quien sostiene, como el investigador y profesor Jerome Nriagu (del National Water Research Institute canadiense), que el plomo tuvo su influencia en la caída del Imperio romano, gran usuario de este metal: sus grandes próceres bebían vino en vasijas de este material, por eso la gota era una enfermedad muy común en esa época. La influencia del plomo en el funcionamiento mental de la aristocracia romana, según el curioso investigador, podría haber sido clave en la debacle.

En su guerra con las empresas, Patterson fue descalificado y amenazado para tratar de socavar su bien merecido prestigio científico. Dejó de recibir financiación para sus investigaciones (que procedía precisamente de la industria petrolera), y el prestigioso centro de investigación Caltech en Pasadena (California) fue presionado para que prescindiera de sus servicios. Como suele pasar en asuntos como el cambio climático o los efectos negativos del tabaco, la industria contrató a científicos a sueldo (como Robert Kehoe), inmorales, para rebatir con datos falsos las informaciones de Patterson. Decían que el plomo, en las concentraciones encontradas, no suponía ningún peligro para la salud pública. Con todo, el científico fue tenaz, hasta que en 1973 la Agencia de Protección del Medioambiente estadounidense dio por bueno su trabajo. Se aprobó la Ley de Aire Limpio y desde entonces las empresas tuvieron que ir reduciendo el plomo en el combustible hasta su total erradicación. Patterson fue premiado e ingresó, en 1978, en la Academia Nacional de Ciencias.

CURIOSIDAD CIENTÍFICA: Un equipo de la Universidad de Harvard y el Instituto Wiss ha diseñado una hoja artificial, sirviéndose de una bacteria llamada *Ralstonia eutropha*, para hacer que la luz solar divida el agua en hidrógeno y oxígeno, y convertir el CO_2 en un combustible líquido, el isopropanol. Ahora la meta, ambiciosa, es conseguir un 5% de eficiencia (la tasa natural

▶ de la fotosíntesis que realizan las plantas para convertir la luz solar en biomasa es de «solo» un 1%). Lo mejor es que puede replicarse en cualquier sitio, su sistema es simple y sencillo de usar y, además, los catalizadores empleados son baratos y fácilmente accesibles; lo peor, que no creo que las petroleras estén por la labor... Al fin y al cabo, como bien sabía Patterson, ¿qué más les da a ellos cómo se produzca la energía, lo cara que sea o lo que perjudique el planeta, mientras ellos conserven sus beneficios?

La supresión paulatina del plomo en la gasolina ha conseguido que la presencia de este elemento en la sangre de la población haya caído drásticamente y ha reforzado el consenso científico actual de que es tóxico en cualquier concentración, por mínima que sea. En definitiva, una victoria de la ciencia que provino de una investigación que, en principio, buscaba otros resultados, y de la que todos nos beneficiamos. Se antepuso la salud de los ciudadanos a los beneficios empresariales. Y todo gracias a Clair C. Patterson, el geoquímico de Iowa. La historia de Patterson, todo un héroe sin capa, ejemplo de responsabilidad social y rigor científico, ha sido reseñada en la serie *Cosmos*, de Neil DeGrasse Tyson, o el libro *Una breve historia de casi todo*, de Bill Bryson. Falleció de un ataque de asma en 1995. Ahora un asteroide lleva su nombre.

23
¿Por qué la Luna nos abandona?

La bella Selene, que es como llamaban los antiguos a la Luna, nos acompaña muchas noches (en menor o mayor medida, porque a veces se esconde del todo) desde el inicio de los tiempos. La Luna ha sido objeto de ensueños de poetas, de canciones de soul, de sonatas románticas; pero también se la ha acusado de volver loca a la gente (a los lunáticos, concretamente) o de hacer que se transmuten los hombres lobo, como ocurría en la tradición popular y también en el vídeo de *Thriller*, de Michael Jackson (que, al menos en su época, daba bastante miedo). Se decía que allí vivían los dragones o que representaba a diosas clásicas, como la citada Selene, que comienza su camino nocturno cuando el de su hermano Helios, el sol, termina el suyo.

Más pegada a la Tierra y menos fantasiosa, la ciencia también tiene muchas cosas asombrosas que decir sobre la Luna y las tremendas casualidades que la rodean. Como les decía a los poetas Richard Feynman, el genial premio Nobel de Física, la ciencia no le roba belleza al mundo, sino todo lo contrario, se la aporta.

Según los estudios científicos de las rocas lunares, la

Luna se formó hace unos 4.500 millones de años como resultado de la tremenda colisión de un planeta llamado Theia con la Tierra. Nos referimos a la llamada Hipótesis del Gran Impacto, que es la teoría científica más comúnmente aceptada (precisamente, en la mitología griega, Theia era la madre de Selene). Pero ¿qué era Theia? Pues un planeta que se formó en un punto de Lagrange de nuestro planeta, es decir, un punto en el que el campo gravitatorio del Sol y la Tierra se anulaban entre sí. Pero Theia creció de tal forma, hasta un tamaño similar al de Marte, que salió del punto de Lagrange, entró en una órbita caótica y acabó cayendo sobre la Tierra a una velocidad de 40.000 km/h. El impacto fundió completamente nuestro planeta y destruyó Theia, que se unió para siempre con la Tierra. Una parte del material fundido y con parte del manto terrestre salieron despedidos al espacio, para volver a unirse después y formar el satélite.

La evidencia científica de estas ideas son las rocas lunares recogidas en las misiones Apolo: la materia de la Luna muestra que la abundancia de isótopos de oxígeno es prácticamente igual que en la Tierra, ambas están hechas de la misma materia. Tras el impacto, la duración del día terrestre era de solo cinco horas y la Luna quedó a solo 20.000 kilómetros de distancia de nosotros, casi veinte veces más cerca que ahora. Imagínate las mareas que se generaron más adelante cuando se formaron los océanos, o la luz que invadía el planeta en las noches de luna llena. Aun así, esta teoría todavía plantea interrogantes que tienen que ser resueltos. Otras hipótesis contemplan la idea de que la Tierra y la Luna se formaron juntas, o que la Luna, ya formada, fue capturada por el campo gravitatorio de la Tierra, cosa poco probable.

Desde entonces, no ha parado de alejarse de nosotros (ahora se encuentra a 393.500 kilómetros). Y no porque tenga nada en nuestra contra (que podría), sino porque el progresivo rozamiento de la superficie terrestre con los océanos hace que paulatinamente rote más despacio. Dado que, como bien estableció Newton en su tercera ley, por cada acción hay una reacción igual y contraria, y que Tierra y Luna están «abrazadas» gravitacionalmente, a medida que la Tierra se ralentiza, la Luna acelera. Y cuando algo que está en órbita se acelera, la aceleración lo empuja hacia fuera, como bien podrías comprobar situándote en el límite exterior de un tiovivo. Por eso se aleja, pero nunca llegará a abandonarnos. En el momento en que la Tierra rote a la misma velocidad que orbite la Luna, se llegará a un equilibrio y se quedará con nosotros. Y si eso no ocurriera, estemos tranquilos. Como siempre, antes de que eso pueda suceder, dentro de miles de años, el Sol, convertido en gigante roja, ya las habrá engullido a ambas.

HÉROES SIN CAPA: Según un estudio de las universidades de Oxford y Harvard, da igual si un asteroide o una explosión de rayos gamma devasta la Tierra. Nosotros nos extinguiríamos; los tardígrados, no. Solo la muerte del Sol podría acabar con ellos. Este animal microscópico (*Hypsibius dujardini*), de 0,5 milímetros, ▶

▶ es la forma de vida más resistente del planeta y, si tienes paciencia (y un microscopio), podrías encontrarlo en la capa de agua que cubre musgos o helechos, también en mares y ríos (si eres profe de biología y tu entorno es propicio, ya tienes una excusa para salir con tus alumnos al campo). Lo increíble es que puede sobrevivir durante 30 años sin comida ni agua, resistir las más extremas condiciones (desde casi el cero absoluto hasta los 150 °C), aguantar presiones 6.000 veces superiores a la atmosférica, reparar su propio ADN, reducir su contenido de agua y vivir en el vacío del espacio. Una de sus proteínas en combinación con ADN humano suprime un 40% el daño provocado por los rayos X en nuestro ADN celular. Nuestro oso de agua (así lo llaman) es todo un superhéroe.

En cualquier caso, la Luna hoy está ahí arriba, cada noche. Nuestro satélite natural, con un diámetro de unos 3.500 kilómetros, es el quinto más grande del Sistema Solar, pero el más grande comparado con su correspondiente planeta (si exceptuamos la relación entre Caronte y Plutón, pero Plutón ya no es un planeta con todas las de la ley). Con un cuarto del radio de la Tierra (como una pelota de baloncesto y otra de tenis) y una masa 81 veces inferior, una de las características más curiosas de la Luna es que tarda prácticamente lo mismo en dar una vuelta sobre sí misma que en dar una vuelta alrededor de la Tierra. Como resultado, desde la

Tierra siempre vemos la misma cara, mientras que la otra, misteriosa, siempre permanece oculta: la famosa cara oculta de la Luna, vaya.

Es, además, el único cuerpo celeste que el ser humano ha pisado, aparte de la propia Tierra. Ocurrió en 1969, cuando la misión Apolo 11 alunizó (como había pedido el presidente J. F. Kennedy) y el astronauta Neil Armstrong puso un pie sobre el satélite y dijo la antológica frase: «Es un pequeño paso para el hombre, pero un gran paso para la humanidad» (después hemos sabido que llevaba la frase preparada desde Cabo Cañaveral). La gravedad en la Luna es más débil, por lo que una persona de 90 kilos pesaría en la Luna solo unos 16 (aunque ir a la Luna no «adelgaza»: tus kilos de más serán los mismos, solo que menos atraídos por la gravedad). Por cierto, una de las estaciones de la NASA desde donde se coordinaba la misión estaba en Robledo de Chavela (Madrid), y fue ahí precisamente adonde llegó el mensaje del astronauta. La estación de comunicaciones con el espacio profundo sigue trabajando desde el mismo lugar.

En las misiones lunares los astronautas recabaron datos, rocas y también colocaron unos retrorreflectores sobre la superficie (va a resultar que el hombre sí ha estado allí). Ahora se utilizan para reflejar láser desde la Tierra, como si fueran espejos, y saber a qué distancia está en cada momento la Luna, midiendo el tiempo que tarda el rayo en ir y volver, con resultados muy precisos. Lo que encontraron fue algo sorprendente: la Luna se aleja de la Tierra 3,8 centímetros cada año.

CURIOSIDAD CIENTÍFICA: Antes del láser, el griego Hiparco (Nicea, *c.* 190 a.C. - 120 a.C.) ya había medido la distancia a la Luna basándose en el dato sobre el radio de la Tierra que Eratóstenes había calculado cien años antes con la ayuda de un palo, y que ya explicamos en su momento. Hiparco utilizó la sombra de la Tierra sobre la Luna en un eclipse lunar, y erró solo en un 10%.

En la Luna no hay atmósfera, así que la luz no se difunde dando un color azul al cielo (como vimos en el capítulo 16), sino que el cielo es negro y el sol, blanco. Al pasar del día a la noche no hay crepúsculo ni nada parecido, todo ocurre de manera más dramática, como una línea inexorable que separa el día de la noche. La ausencia de atmósfera también es la que permite que en la Luna haya tal infinidad de cráteres, que podemos ver a simple vista desde aquí; en la Tierra, los objetos celestes que caen sobre la superficie se queman al entrar en la atmósfera, mientras que en la Luna caen a plomo, en grandes colisiones. La mayor registrada fue en 2013: una roca de 40 kilos cayó a la alucinante velocidad de 90.000 km/h; la explosión fue equivalente a 5 toneladas de TNT.

Las fases de la Luna (entre el novilunio, o luna nueva, y el plenilunio, o luna llena) que ocurren en cada ciclo lunar de 27 días se deben a la posición relativa del sistema Sol-Tierra-Luna. Asimismo, la Luna también influye muy directamente en nuestras vidas, pero no como predicen los horóscopos (curiosos y hasta valiosos para romper el hielo en una conversación, pero carentes de base científica), sino mediante su atracción a la gran masa de agua de los océanos, que junto con la atracción del Sol produce las mareas.

Sin embargo, tal vez la propiedad más prodigiosa de la Luna es la que permite los eclipses de sol tal y como los vemos. Cuando sucede un eclipse, no se suele reparar demasiado en el hecho de que el tamaño de la Luna y el tamaño del Sol coinciden casi perfectamente. Esto no es lo más normal, pero la Luna tiene el tamaño justo y está a la justa distancia (unos 30 diámetros terrestres) para, vista desde la Tierra, ser del mismo tamaño que el Sol cuando se cruzan. Si se viera más grande taparía al Sol por completo y si fuera más pequeño se vería como un círculo negro cruzándolo; pero encajan muy bien, permitiendo además que se aprecie con claridad la parte más externa de la estrella, la corona solar. Esto sí que es una casualidad cósmica.

He lanzado esta pregunta en las redes sociales: «¿Qué ocurriría si no tuviéramos luna?».

Y vuestra sabiduría ha hablado:

Instagram:

orgalorg illo: el mar.

alemm5: No habría icono de la luna en WhatsApp…

Facebook:

Nacho Triana Toribio: O el toro no estaría enamorado.

Juan Sebastián Sánchez Contreras: No veríamos nunca más al hombre lobo.

24
¿De qué color es un espejo?

Yo que sentí el horror de los espejos
no solo ante el cristal impenetrable
donde acaba y empieza, inhabitable,
un imposible espacio de reflejos.
(...)
Dios ha creado las noches que se arman
de sueños y las formas del espejo
para que el hombre sienta que es reflejo
y vanidad. Por eso nos alarman.

Jorge Luis Borges,
«Los espejos»

Los espejos siempre han fascinado a las personas, por varios motivos. Fíjate: en tiempos muy antiguos, cuando no existían, nadie tenía ni idea de cómo era su cara más allá de un movedizo y fugaz reflejo en un río. ¿Te imaginas no saber qué aspecto tienes? Estoy seguro de que los más coquetos no podrían soportarlo. Muy pronto, en civilizaciones como la etrusca, la egipcia o la griega, ya se utilizaban espejos consistentes en metales (plata, bronce, cobre) bruñidos. Además, estos objetos tienen la extraña propiedad de abrir un espacio nuevo dentro del espacio tridimensional en el que nos movemos; parece que son una puerta que nos hace entrar en una realidad igual que la nuestra, lo que se llama una «imagen especular». Los espejos, además, tienen la propiedad de hacer que los espacios parezcan más grandes, cosa muy útil en estos tiempos de viviendas pequeñas. Debido a esta curiosa naturaleza, a los espejos muchas veces se les han atribuido propiedades mágicas: los vampiros no se reflejan en ellos y los moribundos pueden acabar atrapados al otro lado de su superficie. O piensa, por ejemplo, en la malvada bruja y su espejo mágico, que le decía en cada momento quién era la persona más hermosa del reino (se pilló un buen cabreo cuando Blancanieves resultó ser más hermosa que ella). Ah, también se dice que los espejos rotos dan siete años de mala suerte, pero ya sabes que esto es pura superstición sin ningún tipo de respaldo científico. Eso sí, mejor no romper espejos, que cortan.

¿Qué es este objeto sobre el que tanto han pensado los humanos? Un espejo es una superficie pulida que refleja la luz siguiendo las leyes de la óptica. La mayoría de los objetos reflejan la luz, por eso podemos verlos (el llamado «cuerpo negro», que absorbe toda la luz y no refleja nada, es la excepción). Y los colores que tienen dependen de esa reflexión. Por ejemplo, una manzana verde absorbe todas las longitudes de onda de la luz visible, todos los colores, excepto esas que forman el verde manzana. Como ya hemos explicado anteriormente, esas son las que refleja y son las que llegan a nuestros ojos produciendo en nuestro cerebro esa sensación del color de la manzana. Por eso siempre se dice que los objetos son o contienen todos los colores menos el que vemos porque es el único que refleja. Sin embargo, la mayoría de los objetos (las manzanas, las cortinas, los tablones de madera) no producen la misma sensación que mirar a un espejo, no nos vemos reflejados en ellos. ¿Por qué?

Los objetos normales, como las manzanas, reflejan la luz, pero lo hacen de manera difusa (se llama, de hecho, «reflexión difusa»). Esto se debe a que su superficie es irregular y los rayos no rebotan ordenadamente, sino que cada uno sale despedido en una dirección. Los espejos, en cambio, son superficies muy pulidas, muy suaves, sin irregularidades, y esto hace que devuelvan los rayos de forma ordenada, según el mismo ángulo con el que incidieron (las leyes de la reflexión se llaman leyes de Snell). Así producen una imagen, una imagen especular, de nuestro rostro o de lo que se coloque enfrente. Cuanto más liso sea el espejo, más fiel será la imagen que devuelva de la realidad. Además, un espejo plano da una imagen proporcionada de los objetos, mientras que los espejos curvos, cóncavos o convexos, como los que a veces hay en los parques de atracciones, producen imágenes distorsionadas. Hacen que nos veamos alargados o achatados; es divertido, pero también terrible: el escritor Ramón María del Valle-Inclán se inspiró en los espejos deformantes que había en el madrileño callejón del Gato para crear el famoso género del esperpento, que critica la realidad deformándola de manera exagerada, como si estuviera reflejada en estos espejos curvos. Hoy en día, los espejos suelen estar formados por una fina capa de aluminio o plata cubierta por un vidrio transparente (de sílice, sodio y calcio, por lo general).

CURIOSIDAD CIENTÍFICA: En el norte de Chile, en el corazón del desierto de Atacama, y concretamente en la cima del Cerro Armazones (3.000 metros de altitud), se instalará el telescopio más grande jamás construido para escudriñar el Universo, el E-ELT (del inglés *European Extremely Large Telescope*, Telescopio Europeo Extremadamente Grande; las siglas molan). Con un espejo primario de 39 metros de diámetro construido con 798 espejos hexagonales (y apoyado en otros cinco espejos) y una cúpula protectora de 80 metros de alto (casi como un campo de fútbol), se convertirá en la mayor infraestructura terrestre que observe la luz visible en el planeta, con una calidad de imagen excepcional, hasta quince veces más nítida en la misma frecuencia de onda que la captada por el telescopio espacial Hubble, de la NASA/ESA. Extremadamente grande, inmenso, como su presupuesto inicial, 1.000 millones de euros; quizá los mejor invertidos, quién sabe, si eso nos ayuda a descubrir miles de millones de misterios, nuevas galaxias o estrellas.

Entonces, ¿de qué color es un espejo? Podría decirse a bote pronto que plateado, porque muchas veces se representan así.

Sin embargo, un espejo es del color de las cosas que reflejen: si se coloca un espejo delante de una pared amarilla, será amarillo; si enfrenta al cielo, será azul; y, si enfrenta nuestro rostro, será precisamente de los colores de nuestro rostro. Los objetos blancos se caracterizan porque reflejan todos los colores, como los espejos, aunque de manera difusa. Por eso el astrónomo Phil Plait ha dicho que los espejos son una especie de «blanco inteligente»; es decir, lo reflejan todo, como el color blanco, pero de manera ordenada y no difusa, produciendo imágenes.

De todas formas, puntualicemos. Los espejos no son perfectos; siempre absorben un porcentaje de la luz que reciben, aunque sea pequeño, y reflejan el resto. Nuestros ojos no se dan demasiada cuenta de este fenómeno tan sutil, pero los científicos han estudiado el espectro electromagnético que reflejan los espejos y han encontrado este fenómeno de absorción. También dieron con algo sorprendente: la longitud de onda que mejor reflejan, debido a su composición habitual (el vidrio y el metal), es la longitud de onda de 510 nanómetros, que el cerebro humano identifica con el color verde. Así que podría decirse que, a pesar de todo, los espejos son ligeramente verdes. ¿Se puede experimentar esto? Pues sí, cuando colocamos un espejo frente a otros, generando esa especie de extraño túnel que se hunde ilimitadamente (hay quien dijo que el infinito está entre dos espejos). La próxima vez que estés entre dos espejos planos, fíjate: según se aleja el citado túnel, se vuelve ostensiblemente más tenue y ligeramente verdoso, fruto de la repetida absorción de la luz que no es verde, y que al final acaba por hacerse evidente.

He lanzado esta pregunta en las redes sociales: «¿De qué color es un espejo?».

Y vuestra sabiduría ha hablado:

Facebook:

Nacho Triana Toribio: El mío moreno y cada vez con más canas.

Instagram:

edumartin237: Transparente.

25
¿Era Julio Verne adivino?

> El mejor modo de predecir el futuro es inventándolo.
>
> ALAN KEY,
> informático estadounidense

Aparte de hacer castillos de naipes, jugar con mis juguetes sin pilas o con mis amigos en la calle (ellos tampoco tenían pilas), cuando no tenía que hacer deberes, estaba casi siempre leyendo. Ahora sería difícil que fuera así, resulta complicado centrarse: tenemos redes sociales, *smartphones*, *tablets*, YouTube, grupos de WhatsApp a los que atender (me estresan especialmente) y decenas de canales de televisión.

El físico Alfons Cornellà habla del término «infoxicación» para describir este estado de atención variable, de multitarea, de falta de concentración en el que vivimos en la hiperacelerada y tecnificada sociedad actual. Para realizar trabajos trepidantes y sobrevivir al ajetreo contemporáneo, nuestra nueva configuración mental puede resultar útil, pero no para otras tareas más reposadas y sin tantos estímulos continuos, como leer novelas, o incluso este libro. ¿Cuántas veces dejas de hacer lo que estabas haciendo para mirar el móvil? Igual por eso ahora triunfan tanto el *mindfulness* y otras terapias de relajación y meditación, quién sabe. Pero los niños de mi generación no estábamos infoxicados, así que cuando era un chaval leía, y mucho. Algunos libros, siempre novelas, una y otra vez: *La isla del tesoro*, *Los tres mosqueteros*, *El conde de Montecristo*, *Ben Hur*, *Colmillo Blanco*... Y, por encima de estos, cualquiera de Julio Verne (1828-1905). Todos ellos, más de cien (no los leí todos, claro está), novelas fantásticas, de aventuras, de ciencia ficción... y en la mayoría de los casos con científicos o mentes inquietas como protagonistas; en definitiva, libros con los que alimentar mi curiosidad por el conocimiento del mundo, por la ciencia. Quién sabe si Verne, el segundo autor más traducido de la historia, es el responsable de que finalmente yo terminara haciéndome ingeniero.

Más que su gran capacidad de narración y fabulación, que conseguía mantenerme atado al libro como me ocurre hoy con la mejor serie de HBO, lo que realmente me fascinaba era la visión de futuro que tuvo a la hora de predecir, a veces con décadas de antelación, los avances científicos que se iban a producir.

Mis favoritas son *Viaje al centro de la Tierra* y *Veinte mil leguas de viaje submarino*, esta última escrita en 1870 y de la que Disney hizo una encantadora versión cinematográfica en 1954, dirigida por Richard Fleischer, con la participación de Kirk Douglas. Cuenta las aventuras del célebre capitán

Nemo a bordo de su también célebre submarino, el *Nautilus*. En esta historia, el biólogo Pierre Aronnax (como ves, un científico) es rescatado por Nemo, quien no puede permitir que Aronnax desvele al mundo su prodigioso y secreto vehículo bajo el mar. A partir de ahí surcan variados paisajes submarinos. En el libro se describe con detalle una buena cantidad de fauna marina, hasta ese tremendo calamar gigante que con sus grandes tentáculos pone en jaque al *Nautilus* en una de las escenas más dramáticas de la obra.

Lo llamativo es que el primer submarino, un torpedo con propulsión eléctrica, fue creado por el español Isaac Peral algunos años más tarde, en 1888, y es sabido que Peral estaba fascinado por la obra de Verne, que espoleó su creatividad e imaginación. En la actualidad, el submarino de Peral puede verse en Cartagena, ciudad natal del inventor, dentro del Museo Naval. En esta obra, además, Verne describe la toma de una instantánea submarina (no sería posible hasta veinte años después, cuando lo hizo Louis Boutan, uno de los pioneros de la fotografía subacuática) y también un arma eléctrica parecida a la actual pistola táser, que produce una fuerte descarga a la persona que recibe el impacto. No solo la imaginación de Verne funcionaba bajo el agua; en sus obras también se predice el helicóptero, como en *Robur el Conquistador*, de 1886, donde describe la nave *Albatros*, que vuela impulsado por hélices.

Otras de las obras fundamentales del novelista francés son *De la Tierra a la Luna* (1865) y *Alrededor de la Luna* (1870). Como es obvio, estas novelas relatan la llegada del hombre a nuestro satélite, con la particularidad de que fueron escritas un siglo antes de que el Apolo 11 alunizara por primera vez y Neil Armstrong pusiera el pie en su polvorienta y romántica superficie, en 1969. Existen asombrosos paralelismos entre la ficción de Verne y lo que luego fue la realidad: las naves parten de Florida (Estados Unidos) y regresan a algún lugar del océano Pacífico. Algunos de los parámetros de las naves de Verne, como el grosor de sus paredes o su precio, son bastante similares a las características del Apolo. La nave de Verne tardó 83 horas, mientras que la de la NASA solo un poco más: 97; asimismo, ambas tripulaciones estaban formadas por tres astronautas. Es difícil concebir que Verne fuera tan preciso en algunos de los hechos del viaje lunar. Pero lo fue, de ahí su grandeza. Por cierto, las obras lunares de Verne también sirvieron de inspiración para la que está considerada la primera película de ciencia ficción de la historia, la ya citada *Viaje a la Luna*, de Georges Méliès.

Lo más increíble, sin embargo, es que Verne también imaginó hace muchísimo tiempo el gran invento que ha cambiado para siempre la historia de la humanidad: internet. En la obra escrita en 1863 *París en el siglo* XX (considerada la «novela perdida» del autor, publicada en francés por primera vez en 1994, cuando yo ya no era un niño), Verne describe la sociedad francesa de los años sesenta donde predomina el desarrollo científico y financiero: hay rascacielos y trenes de alta velocidad, el latín y el griego ya no se enseñan, el conocimiento humanista y literario se va perdiendo, y nadie recuerda a los grandes escritores (en esto Verne tampoco iba tan desencaminado). Lo curioso es que aquí el autor ya imagina una red mundial de comunicaciones, lo que vendría a ser el actual internet, solo que, en vez de ser de naturaleza electrónica, esta red funciona como una especie de telégrafo mundial. Solo se comenzaría a desarrollar un invento semejante, el que hoy conocemos, un siglo después. Entre otros avances que algunos han visto predichos en las letras de Verne están inventos tan dispares como las videoconferencias, los noticiarios, las velas solares o los mensajes publicitarios escritos en el cielo. Da hasta miedo tal nivel profético.

Muchas veces se asocia a las artes el carácter creativo e imaginativo, mientras que a las ciencias se las relega a los aspectos más fríos, técnicos y mecánicos. Pero no es cierto. Los grandes científicos (Einstein, Tesla, Feynman, etc.) siempre han necesitado una gran imaginación y creatividad para llevar a cabo sus descubrimientos revolucionarios. Julio Verne no fue un científico, sino un novelista, pero su imaginación logró concebir muchas de las maravillas que deparaba el futuro. Si hubiera sido científico, probablemente habría cambiado el mundo… aún más. Así que te aconsejo que dejes el móvil en otra habitación y te adentres, o regreses, a las obras de Verne, Asimov, Huxley, Philip K. Dick, Orwell, Wells, todos ellos escritores de ciencia ficción, que aún hoy siguen alimentando la imaginación de muchos científicos del presente y te permitirán navegar —y no hablo de internet— a mundos desconocidos a los que algún día probablemente lleguemos. Yo pienso hacerlo.

26
¿Cuánto dinero costaría llevarse un balón de fútbol al espacio?

> El comandante Tom al control terrestre:
> Estoy flotando alrededor de mi tarro de hojalata, muy por encima de la Luna.
> El planeta Tierra es azul. Y no hay nada que pueda hacer.
>
> DAVID BOWIE,
> *Space Oddity*

Quizá hayas oído alguna vez esta pregunta: ¿por qué se invierte tanto dinero en la exploración espacial o en aceleradores de partículas que desentrañan los últimos constituyentes de la materia cuando tenemos otros problemas más acuciantes que resolver? ¿Por qué no hacemos una ciencia más práctica? ¿Para qué queremos llegar a Marte, enviar sondas espaciales que exploran nuestro sistema solar o tomar fotos en alta resolución y datos de Plutón que aparentemente no nos ayudan aquí en la Tierra? Lo cierto es que es un dilema que hay que plantearse, esa preferencia por la ciencia básica o la ciencia aplicada, que es como se suelen llamar. Sin embargo, las cosas no son tan sencillas.

Y no lo son porque muchas veces esa diferencia entre ciencia básica y ciencia aplicada no es tan clara. Hay quien dice que, sin ciencia básica, no hay ciencia que aplicar luego. Un ejemplo: cuando Einstein, Planck, Bohr, Schrödinger o Heisenberg desarrollaron los fundamentos de la Mecánica Cuántica, lo hicieron por puro amor al conocimiento, por esa curiosidad científica que nos hace investigar los detalles más ignotos de la realidad; sin embargo, gracias a la Mecánica Cuántica se desarrolló la Física de los Semiconductores, con los semiconductores se desarrollaron los transistores, y con los transistores se construyeron primero los ordenadores y luego los *smartphones*... Los derroteros de la ciencia, como los de la vida en general, son impredecibles. Lo único que está claro es que permaneciendo de brazos cruzados no se llega a ninguna parte. ¿Quién les iba a decir a aquellos viejos científicos de principios del siglo XX que acabarían provocando una revolución científica de tales proporciones? Imagínate tratar de explicarle a Einstein qué es Facebook...

En los últimos años se ha puesto de moda el término *spin off*. Por ejemplo, en las series de televisión; ocurre cuando un personaje de una determinada serie alcanza tal popularidad y carisma que deciden dedicarle una serie en exclusiva. Ocurrió con el picapleitos Saul Goodman en *Breaking Bad*, o, en España, con Aída en *Siete vidas*. También en el mundo empresarial se utiliza el *spin off*, cuando una pequeña empresa tecnológica se crea en la universidad y se desgaja de ella (es todo un éxito que ocurran estas cosas). Pero el *spin off* que aquí nos interesa es un tercero, aquel que describe los avances científicos o tecnológicos que aparecen mientras se investigan otras cosas que, en principio, no tienen nada que ver.

La NASA publica anualmente un compendio de los *spin off* producidos en sus actividades; de esta manera justifica la inversión que se hace en la agencia y que, como dijimos al principio, hay gente que puede criticar. Fíjate: gracias a la exploración espacial disfrutamos de inventos tan maravillosos como el microondas, los detectores de humo, las comunicaciones vía satélite, las modernas suelas de las zapatillas deportivas (que se inspiraron en el calzado lunar), los filtros de agua o los actuales pañales desechables superabsorbentes.

CURIOSIDAD CIENTÍFICA: En los años ochenta, en la agencia espacial empezaron a darle vueltas al problema de cómo lidiar con las necesidades fisiológicas de los astronautas en momentos en los que no pueden «ir al baño», como el despegue, el aterrizaje o los paseos espaciales. Para ello utilizaron un material, llamado poliacrilato de sodio, que absorbe 300 veces su peso en agua; es decir, 1 kilo de poliacrilato absorbe la friolera de 300 kilos de agua: al absorber el agua, o la orina, se convierte en una especie de gelatina que produce ▶

▶ menos humedad que los antiguos pañales de algodón y celulosa. Los utilizaron por primera vez los tripulantes del Challenger en 1983. Vamos, que los pañales que usamos hoy en día vinieron, como quien dice, del espacio exterior. El problema que ahora debe resolverse es la contaminación que produce este compuesto.

Desde que se creó la publicación *NASA Spinoff* en 1976 ya han comunicado dos mil de estos avances generados por el programa espacial. En la última edición del informe *Spinoff*, la agencia destacó algunos de los más recientes: desde sistemas de imagen láser ideados para descubrir nieve en Marte, que ahora se usan en arqueología para identificar nuevos objetivos de excavaciones arqueológicas (ciudades perdidas o territorios de caza prehistóricos), hasta tecnologías que se empleaban para estabilizar los cohetes durante los lanzamientos, que ahora protegen los rascacielos del viento y los terremotos; desde cámaras de alta resolución usadas para monitorizar los paracaídas de la nave espacial Orion, que ahora se utilizan en las pruebas de colisión de vehículos, hasta mejoras en el sistema GPS, de los que ya se sirven los tractores agrícolas de funcionamiento autónomo; también, nuestros actuales destornilladores, taladradoras y aspiradoras inalámbricas, basadas en herramientas diseñadas para tomar muestras lunares; o las tomografías axiales computarizadas (TAC), que sirven para detectar tumores y que se usaron por primera vez para encontrar imperfecciones en los componentes espaciales y el fuselaje; innovaciones para palos de golf; nuevos fertilizantes... La lista es sorprendente.

CURIOSIDAD POP: Nuestros actuales ordenadores personales y sus diminutos microchips y microprocesadores descienden de los circuitos integrados que se usaron en la asistencia de vuelo de las primeras cápsulas Apolo. La razón es de peso, y nunca mejor dicho: era necesario hacer los ordenadores lo más pequeños y ligeros posible, pues un kilo de más en una nave espacial puede suponer un millón de euros. Llevar contigo a la Estación Espacial Internacional un balón de fútbol de, por ejemplo, 450 gramos costaría alrededor de medio millón. De todos modos, deberían hablar con Sergio Ramos, el capitán de nuestra Selección Española y uno de los mejores defensas del mundo. Si eres futbolero, sabes perfectamente que él podría hacerlo gratis para la NASA si le dejamos tirar algunos penaltis (perdón por la broma, sobre todo si eres madridista).

Incluso la colorida bebida Tang, desarrollada por General Foods en 1957; esos polvos con sabor a fruta que se disuelven en agua, la NASA los empleó en 1962 cuando el astronauta John Glenn hizo experimentos de alimentación en órbita. Otro de los productos cuya popularidad aumentó por el uso de la agencia espacial es el velcro, empleado en las misiones Apolo dentro del equipamiento de los astronautas para moverse en situaciones de gravedad cero. O el teflón, inventado por DuPont en 1938 y posteriormente utilizado en escudos de calor y trajes espaciales. Ojo, estos inventos a veces se le atribuyen a la NASA, pero lo cierto es que solo los utiliza (o los ha utilizado) en alguna ocasión.

En definitiva, la ciencia básica (o fundamental) y la ciencia aplicada tienen que convivir, deben hacerlo. Normalmente, la ciencia básica se desarrolla en universidades u organismos públicos (como el Consejo Superior de Investigaciones Científicas, CSIC), y trata de estar al margen de las diferentes coyunturas políticas, sociales y económicas. También hay empresas poderosas y visionarias, sobre todo en Estados Unidos, que han invertido en ciencia básica. Por su parte, la ciencia aplicada, de un carácter más cortoplacista, se financia con dinero tanto público como privado.

Hoy en día, en el mundo trepidante en el que vivimos, parece que todo tiene que tener utilidad, retorno económico inmediato, impacto en un corto espacio de tiempo. Pero, como hemos visto, la ciencia básica no solo es útil para el desarrollo del conocimiento humano, sino que muchas veces productos colaterales inesperados pueden llegar a mejorar la vida de muchas personas y cambiar un poquito la humanidad.

Sea como fuere, no debemos verlo solamente de esta manera. Como explica el divulgador Philip Ball en su libro *Curiosidad* (2013), precisamente la curiosidad es una parte fundamental de la naturaleza humana (que muchos han tratado de reprimir) y no solo hay que pedirle dinero, avances o *spin off* a la ciencia. A veces basta con saber que tres quarks forman un protón o que hay grandes agujeros negros supermasivos en el corazón de muchas galaxias. Solo por eso merece la pena. Conocer el Universo a todas sus escalas y alucinar (que no alunizar) con sus misterios es ya de por sí lo suficientemente interesante. Y que, por el camino, a bordo de la última sonda espacial, responsables del aterrizaje y el despegue del último transbordador, seguramente científicos que simplemente sueñan en grande, nos ayuden a descubrir el siguiente avance tecnológico que cambiará un poquito más nuestras vidas. Llevan haciéndolo décadas, y lo seguirán haciendo. Afortunadamente, la curiosidad humana no conoce límites.

27
Un transistor no es (solo) una radio

Mi primer año en Telecomunicaciones, de seis asignaturas, suspendí dos: Física y Componentes Electrónicos. No pude pasar de curso. Estuve a punto de rendirme, incluso de abandonar la carrera. Mis quebraderos de cabeza fueron los semiconductores en física y los transistores en electrónica. En ese momento no sabía de su importancia en mi campo; un año después, ya en segundo, descubrí la razón.

¿No te parecen mágicos los *gadgets* electrónicos? ¿Los *smartphones*, los ordenadores, las videoconsolas? De alguna forma lo son. Como dijo Arthur C. Clarke, el escritor de ciencia ficción, una tecnología suficientemente avanzada es indistinguible de la magia. Y nuestra tecnología ya es tan avanzada que parece magia, aunque no lo sea.

Otro pensador, el filósofo y sociólogo de la ciencia Bruno Latour, utiliza el término «caja negra» para hablar de esos avances científicos o tecnológicos de los que nos beneficiamos pero que son tan complejos que su funcionamiento nos resulta incomprensible. Son como cajas negras. Muchas veces ni nos interesa lo que hay dentro: no es común que el usuario de un teléfono inteligente o un ordenador se pregunte cómo funciona. Por razones obvias, si quería ser ingeniero, tenía que aprender por qué, pero probablemente a ti no te sea necesario, si bien creo que no está de más que todo el mundo conozca algunos rudimentos básicos de cómo ha sido el desarrollo tecnológico. Ya no solo para poder dar a nuestros hijos o alumnos otra razón más de por qué puede ser tan importante estudiar física o matemáticas, sino porque en caso contrario seguiremos operando con cajas negras, con sortilegios mágicos, y de algunos incluso se creerá que han venido del espacio de la mano de extraterrestres. En el fondo, no son más que circuitos, electrones y corrientes eléctricas.

En el viaje de la humanidad en pos de la tecnología hay un ingenio tecnológico que ha sido clave y que ha cambiado el mundo, literalmente. Se trata del transistor. Cuando hablamos de transistores en la vida cotidiana, sobre todo en el caso de las personas más mayores, se entiende que hablamos de radiotransistores, aparatos de radio, por lo general portátiles, con los que escuchamos el partido de fútbol o los boletines informativos. Pero, como veremos, en realidad el transistor es también un componente electrónico básico en nuestros ordenadores que a lo largo del tiempo ha disminuido de tamaño tan rápidamente (como el Increíble Hombre Menguante o el Hombre Hormiga) que ha permitido la revolución tecnológica que nos ha arrastrado durante las últimas décadas.

Empecemos por el principio. Los ordenadores —y, por ende, los *smartphones*— son máquinas de computar, que realizan a gran velocidad decenas o millones de operaciones matemáticas. Por eso se los llama computadoras, un nombre que se usa en inglés (*computer*) y que es mucho más fiel que el que le damos en español (ordenador). Los primeros ingenios para computar fueron los ábacos, que permitían sencillos cálculos aritméticos y que ya se utilizaban en Babilonia hace 2.500 años.

Después de muchos siglos empezaron a aparecer máquinas calculadoras como la del filósofo Blaise Pascal, de 1642, o la mucho más avanzada de Charles Babbage, cuya máquina analítica, de 1837, podía realizar múltiples operaciones matemáticas y ser programada con tarjetas de cartón perforado, motivo por el cual se le considera uno de los pioneros de la informática. En el siglo XX llegó el matemático Alan Turing, que consiguió descifrar el código Enigma con el que se comunicaban los nazis durante la Segunda Guerra Mundial y, como resultado, salvó miles de vidas y acortó la contienda dos años, según se ha calculado. Pero la gran contribución de Turing al desarrollo de la informática no fue una máquina física sino una máquina mental: la Máquina de Turing.

La Máquina de Turing no es en sí misma un artefacto físico que podamos tocar o ver en un museo. Es más bien un concepto teórico, un ingenio imaginario, que representa una máquina de computación y que ha ayudado desde entonces a los científicos a entender los límites del cálculo mecánico. Se representa conceptualmente como una larga cinta de papel en la que se llevan a cabo operaciones consecutivas siguiendo un conjunto de reglas. Esa es la representación mental de una computadora y también de un algoritmo, que es una palabra que se utiliza mucho en la actualidad pero que no todo el mundo sabría definir. Un algoritmo es, precisamente, un conjunto finito de operaciones sistemáticas que se realizan para obtener un resultado. Podríamos decir, *grosso modo*, que una receta de cocina es un algoritmo que transforma ciertos ingredientes en un plato cocinado final, y las computadoras serían algo así como un cocinero: cogen unos ingredientes (*inputs*), hacen ciertas operaciones con ellos (en su mayoría, millones de veces) y ofrecen un plato cocinado, un resultado (*outputs*).

HÉROES SIN CAPA: A pesar de su contribución a la humanidad, Alan Turing fue procesado por el gobierno británico por ser homosexual (entonces considerado un delito) y castrado químicamente. Turing acabó suicidándose en 1954 tras morder una manzana que previamente había envenenado con cianuro. Dicen que de esta imagen simbólica viene el logotipo de Apple, la manzana mordida, aunque la empresa lo ha desmentido en alguna ocasión. En 2013, seis decenios después de su muerte, la reina Isabel II indultó a Turing de todos los cargos.

Pero continuemos. Lo que ya se considera como el primer ordenador moderno es el Computador e Integrador Numérico Electrónico (ENIAC, por sus siglas en inglés), presentado al público en 1946. El ENIAC era una enorme máquina que ocupaba una habitación de 167 metros cuadrados y que había sido originalmente diseñada para calcular las trayectorias de la artillería para el ejército de Estados Unidos. Después de su uso balístico, se empleó para calcular decimales del número pi (como contamos en el capítulo 5) o para hacer cálculos relacionados con la bomba atómica. Pesaba 27 toneladas y tenía 6.000 interruptores, además de muchas lucecitas y cables por todas partes (así solían representarse las computadoras en las películas de ciencia ficción de los años cincuenta). Con estas dimensiones podríamos pensar que su potencia de cálculo era exagerada, pero cualquier *smarthpone* que nos cabe en la palma de la mano es miles de veces más rápido y se calienta menos que el ENIAC, que hacía subir la temperatura de la habitación en la que estaba hasta los 50 °C. Aun así, ya era un ordenador al que podían reprogramar para realizar con rapidez diferentes cálculos demasiado largos o laboriosos para la mente humana, aunque para ello hubiera que conectar y desconectar una gran parte de los cables que tenía, lo que podía alargar días o semanas el proceso. El ENIAC tenía 17.500 válvulas de vacío, semejantes a bombillas, que ocupaban mucho espacio, se fundían con facilidad y había que sustituir. Y aquí es donde entra el transistor.

HEROÍNAS SIN CAPA: Gran parte del mérito del ENIAC es de John Presper Eckert y John William Mauchly, los ingenieros que la diseñaron, pero fueron seis mujeres quienes la programaron. Si no digo sus nombres, no les haría justicia, lo siento: Betty Snyder Holberton, Jean Jennings Bartik, Kathleen McNulty Mauchly Antonelli, Marlyn Wescoff Meltzer, Ruth Lichterman Teitelbaum y Frances Bilas Spence. De nuevo, mujeres científicas no suficientemente reconocidas.

Años más tarde, en 1951, de nuevo Eckert y Mauchly —por fortuna, dos tipos inconformistas— diseñaron la primera UNIVAC (*UNIVersal Automatic Computer*), la primera computadora comercial. Pesaba ya mucho menos que su hermana mayor, alrededor de 7 toneladas, y era capaz de realizar mil cálculos por segundo. Y matizo lo de comercial. Su precio en ese momento era de más de un millón de dólares (6-9 millones hoy en día), lo cual no estaba al alcance de cualquier bolsillo, por supuesto. Por suerte, además de brillantes, también eran altruistas y la donaron a las universidades de Harvard y Pennsylvania.

Pero… ¿para qué servía una válvula de vacío? Básicamente, introducía el concepto de verdadero o falso en la lógica computacional, pues un ordenador funciona con código binario, computa solo unos y ceros. Aunque ahora también se opera en lenguaje hexadecimal, cada uno de los números que conocemos tiene una traducción al sistema binario, de modo que podemos expresarlos como una sucesión de ceros y unos. Con cuatro dígitos, por ejemplo, los números del cero al diez serían:

ENTEROS NO NEGATIVOS	EQUIVALENTE BINARIO
0	0
1	1
2	10
3	11
4	100
5	101
6	110
7	111
8	1000
9	1001
10	1010

Y así hasta el infinito.

¿Por qué es esto interesante? Porque así una máquina no tiene que conocer todos los números, solo dos. ¿Y por qué es esto interesante? Porque un cero y un uno se pueden traducir al mundo físico con facilidad. Si no llega corriente eléctrica a un circuito, el procesador interpreta un cero. Si llega corriente, interpreta un uno. Esa es la clave, así funciona un ordenador, realizando a toda velocidad operaciones en código binario interpretando corrientes eléctricas.

Para eso se usaban las válvulas de vacío (como cuando apagas o enciendes la luz en una habitación): un sencillo sistema con el que manipular la electricidad para inicialmente dejar pasar corriente o no y, con esas corrientes, con esos ceros y unos, poder hacer operaciones matemáticas más complejas. Esto es la base de todo.

CURIOSIDAD CIENTÍFICA: Los relés, inventados por Joseph Henry en 1835 y precursores de las válvulas de vacío, son circuitos eléctricos en los que, gracias a una bobina y un electroimán, pueden accionarse uno o más contactos en un circuito, lo cual permite a su vez abrir o cerrar (como un interruptor automático) otros circuitos eléctricos independientes. Tienen decenas de aplicaciones industriales y todavía hoy puedes encontrarlos en tu casa, pues componen todos los interruptores de un cuadro eléctrico, el que siempre deberás buscar cuando se vaya la luz en tu casa.

Cuenta la leyenda que, en 1947, la contraalmirante Grace Hopper, que trabajaba en la computadora Harvard Mark II, una de las primeras programables de la historia, encontró un error debido al mal funcionamiento de un relé. Descubrió que el fallo se debía a que una polilla había quedado atrapada en él (era un error más habitual de lo deseable cuando se usaban este tipo de componentes). Quitó el insecto y lo pegó con cinta en un diario… El hecho fue tan curioso que desde entonces a cualquier fallo informático se le asocia el nombre de *bug* ('bicho' en inglés), y *debugging*, a la depuración de programas para identificar y ▶

▶ corregir errores de programación. Pero Hopper no se hizo famosa por pegar bichos a un diario. Fue la primera mujer en 233 años de historia en doctorarse en Matemáticas por la Universidad de Yale y la creadora del revolucionario FLOW-MATIC, un lenguaje de programación (precursor del COBOL) que permitió programar más allá de los límites matemáticos de la computación y posibilitó que nos pudiésemos entender con nuestros ordenadores. Algo así como poder hablar en inglés con ellos, lo cual revolucionó su campo en aquella época. Para que luego digan algunos que a las chicas no se les dan bien las ciencias (más adelante, en otro capítulo daré mucha más caña sobre esto).

La tecnología se revolucionó con la aparición del transistor, que era más pequeño que las válvulas de vacío y los relés, y no se estropeaba con tanta frecuencia. Llegamos a la segunda generación de computadores, digitales. Eran el producto de la física de los semiconductores, que, a su vez, eran el producto de la física cuántica (otra aplicación más del mundo de la física y la química a nuestras vidas), y fueron inventados por Bardeen, Brattain y Shockley en 1943. Su logro les valió el Premio Nobel de Física en 1956.

A partir de ahí la evolución de la tecnología fue ya vertiginosa, porque cada vez se fabricaban transistores más pequeños y los ordenadores poco a poco alcanzaban mayores prestaciones.

Los transistores, esos chismes con tres patitas (colector, base y emisor), responsables de los mayores quebraderos de cabeza en mis exámenes de electrónica en la universidad, están fabricados con sílice (óxido de silicio) al que han «robado» sus dos moléculas de oxígeno, refinándolo hasta el punto de convertirse en uno de los materiales más puros del planeta, el silicio: un 99,9999999% puro, el índice de pureza estándar de un microprocesador actual. Sería necesario todo un curso escolar en la universidad para explicarte cómo funciona y cuáles son sus aplicaciones, pero básicamente son algo así como pistas de carreras de obstáculos para los electrones (de ahí su nombre, *transfer resistor*, o resistor de transferencia).

Andrea Sella, del University College London, con quien tuve la suerte de coincidir hace unos años (no digo «hablé» porque prácticamente solo lo hizo él, mi nivel de inglés no es muy bueno que digamos, por desgracia), me lo explicó así. Básicamente se trata de añadir impurezas de forma deliberada para controlar la conducta del silicio. Esas impurezas, que podemos controlar, encender o apagar, crean pequeños obstáculos para que los electrones los esquiven. Estos obstáculos, en grandes cantidades y en la medida y disposición correctas, nos permiten simular todas las funciones lógicas asociadas con el lenguaje binario. Dichos obstáculos son los transistores, uno de los inventos más importantes de la historia de la humanidad, si no el que más.

Algunos elementos se comportan como conductores (1) o aislantes (0) dependiendo de factores como el campo eléctrico o magnético, la presión, la radiación que incida en ellos o la temperatura ambiente de que disfruten. Estos elementos, los semiconductores a los que aludía antes, son, por ejemplo, el silicio, el germanio, el galio… Incluso el azufre. De todos ellos, el más usado es el silicio, el mismo con el que la humanidad llevaba trabajando siglos para fabricar puntas de flecha en la antigua Mesopotamia o cualquier tipo de vidrio con el que forjar vidrieras en nuestras catedrales. Y esto es así no solo por su dureza o estabilidad eléctrica, sino porque, de todos ellos, es el más fácil de conseguir; el sílice está en todas partes: el 75% de la corteza de la Tierra está hecha de él, y compone en gran medida la arena de la playa, con eso te digo todo.

CURIOSIDAD CIENTÍFICA: No es casualidad, por tanto, que el lugar donde se concentra la industria electrónica más potente, cerca de San Francisco (California), fuera bautizado en 1971 como Silicon Valley. En ese valle, con notable influencia hippie, se ubicaron la mayoría de las empresas tecnológicas y *startups* de la época, con una particular idiosincrasia del capitalismo creativo, desenfadado y tecnológico, muy diferente de la seriedad y la rigidez de los negocios que se desarrollaban en la Costa Este de Estados Unidos, como Nueva York. Es el llamado «espíritu Google», o lo que hace que Mark Zuckerberg, fundador de Facebook, vaya por el mundo sin corbata, con deportivas y sudadera. ▶

▶ Allí están ahora la sede de Apple (en Cupertino), Facebook (en Menlo Park), Google (en Mountain View) y casi cualquier empresa tecnológica que se te ocurra. La próxima vez que estés en una playa, además de pensar en mojitos, fíjate en la arena. No solo sirve para hacer castillos. Es la base de la economía mundial.

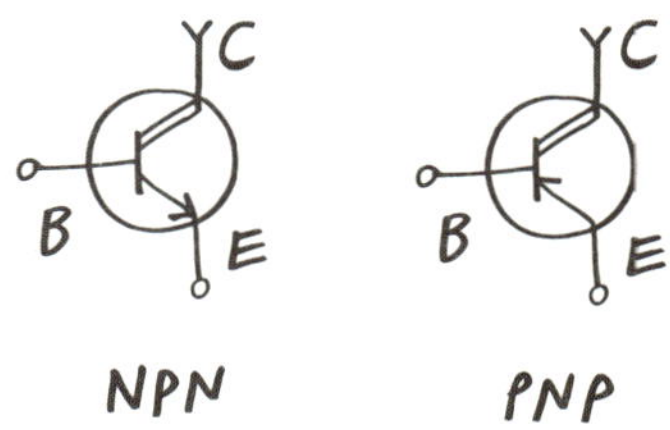

En la década de los sesenta, los transistores se hacen invisibles en un circuito y comienzan a integrar de forma masiva el interior de lo que se llaman circuitos integrados. Alcanzamos la llamada «tercera generación». En la universidad, cuando estudiaba Telecomunicaciones, los llamábamos «cucarachas» (otra vez los insectos y la computación van de la mano). Con ellos conseguíamos controlar todo tipo de circuitos eléctricos, desde una máquina tragaperras hasta un compositor de melodías. Fue lo que más disfruté en la carrera, aunque también fueron los responsables de un par de suspensos en electrónica digital, para qué te voy a engañar. Grabados en circuitos microscópicos mediante luz, en estas obleas todos los componentes electrónicos (condensadores, resistencias, transistores) están fabricados del mismo material, lo que permitió utilizar cada vez más circuitos en menos espacio y optimizar su proceso de fabricación. Todo encajaba: menos tamaño, menos coste, menos tamaño, más potencia de computación...; lo que ha venido siendo la historia de la tecnología las últimas décadas. Esta potencia de computación cada vez más miniaturizada es lo que ha permitido inventar aparatos como el ordenador personal, el ordenador portátil o, más recientemente, las *tablets* o los *smartphones,* que ya son como una extensión más de nuestro cuerpo.

Desde entonces, el avance ha sido imparable. En los sesenta, IBM creó el IBM 7070 y, en 1968, Robert Noyce y Gordon E. Moore fundaron Intel, que actualmente sigue fabricando los famosos procesadores Pentium, entre otros. Fue Moore precisamente quien dictó la famosa ley que lleva su nombre y que explica el vertiginoso avance de la tecnología. En Intel se dedicaron a la producción de microchips y circuitos integrados, inventados por Jack Kilby dentro de la empresa Texas Instruments y que le valieron el Nobel de Física en el año 2000.

Recientemente, en el año 2017, Intel ha anunciado su último transistor, de solo 7 nanómetros de tamaño (para que te hagas una idea, el diámetro de un átomo de helio mide 0,1 nanómetros, y un ribosoma dentro de la célula, 20 nanómetros), que llegará en torno a 2020. Esto ya se acerca a los límites que permite la física: se aproxima al tamaño de un átomo y, como hemos visto, no se puede construir nada más pequeño que un átomo. Además, a esos tamaños tan minúsculos los chips se pueden recalentar mucho y aparecer efectos cuánticos que desbaraten su utilidad. Digamos que la propia naturaleza va a poner freno a la ley de Moore (como él mismo ya ha señalado) y a la continua miniaturización de los *gadgets* tecnológicos. Está por ver cómo reacciona una industria que durante décadas se ha basado en la continua innovación, pero ya se está investigando en diferentes líneas, más allá de la tecnología de transistores, para que el avance no se frene.

Cada vez que lo pienso, me sigue pareciendo mágico, y toda una cuestión de fe, que el ser humano haya conseguido alcanzar estos logros. Y admirable; sobre todo, admirable. Aunque algunos afirman que fueron extraterrestres quienes nos ofrecieron avances como el transistor, prefiero pensar que los responsables de semejante regalo fueron solo la curiosidad humana y nuestro espíritu científico.

Ahora, cada vez que enciendas tu portátil o tu móvil, o uses el mando a distancia de tu televisión o el de apertura de un garaje, quizá ya no los veas ni como magia ni como una caja negra indescifrable, sino como aparatos que hacen millones de operaciones matemáticas con pequeñas corrientes eléctricas en espacios de tiempo muy pequeños. Solo eso. Todo está ahí dentro.

28
¿Cuántas manzanas destrozó Galileo para experimentar con la gravedad?

> Es el espacio. No coopera. En algún momento, todo saldrá mal. Todo saldrá mal y pensarán: «Se acabó. Este es mi fin. Pueden resignarse o pueden ponerse a trabajar. Eso es todo. Simplemente comiencen. Hagan los cálculos. Resuelvan un problema y luego el siguiente. Y luego el siguiente. Si resuelven los suficientes, volverán a casa».
>
> MARK WATNEY en *Marte* (2015),
> película dirigida por DREW GODDARD

Cada día, en nuestra vida cotidiana, recibimos infinidad de mensajes e informaciones, sobre todo ahora que vivimos en permanente conexión a internet gracias a dispositivos como los *smartphones* o las *tablets*. Discursos de políticos, predicciones de adivinos, diagnósticos de economistas, declaraciones de gente entrevistada a pie de calle, opiniones de tertulianos televisivos. También informaciones científicas que salen de universidades, laboratorios y otros centros de investigación. ¿Cómo sabemos discriminar cuál es el conocimiento fiable? ¿En qué consiste y para qué sirve el método científico?

El método científico tiene muchas variantes, y los científicos no siempre lo siguen a rajatabla, sino que muchas veces intervienen importantes factores de intuición o suerte, pero podemos hacernos una idea general de en qué consiste. El método científico se basa en varias fases: la observación de la naturaleza, la formulación de hipótesis para resolver los problemas observados, la predicción de resultados y la experimentación para comprobar si nuestra hipótesis se cumple. Si fallamos, debemos repetir el proceso hasta encontrar una hipótesis válida, que se puede convertir en una ley de la naturaleza.

Como ves, lo fundamental en este método es que interroga con rigor a la naturaleza, no se basa en opiniones cogidas a vuelapluma, en ideologías, en ideas que vienen en ciertos libros. El experimento es una dura prueba que pone nuestro conocimiento a examen, el juez es la propia naturaleza.

Ya los antiguos griegos comenzaron a obtener conocimiento de la observación de la realidad; sin embargo, no fue hasta el siglo XVI cuando comenzó la ciencia moderna tal y como la conocemos, mediante la revolución científica protagonizada por Francis Bacon, Galileo, Kepler, Copérnico o Newton. En aquella época eran populares otras formas de conocimiento; por ejemplo, era común resolver los problemas e interpretar los fenómenos acudiendo a las Sagradas

Escrituras o a los libros de autoridades filosóficas como Platón y Aristóteles.

Galileo fue de los primeros en realizar experimentos físicos: estudió el movimiento lanzando bolas por planos inclinados o desde lo alto de la torre inclinada de Pisa, según dice la leyenda. Así estudiaba el movimiento de los cuerpos, pero no lo hizo basándose en lo que habían dicho los sabios griegos, sino a través del conocimiento obtenido por medio de su propia experimentación, interpelando a la realidad. También fue el primero que matematizó las investigaciones; desde entonces, la matemática sería el lenguaje de la ciencia. «El libro de la naturaleza está escrito en el lenguaje de las matemáticas», dijo el propio Galileo.

Durante la revolución científica, según investigó la historiadora británica Frances A. Yates, tuvieron mucha importancia disciplinas esotéricas como la magia, la alquimia o la astrología, la llamada Tradición Hermética. Aunque no se haga mucho hincapié en ello, Kepler o Newton dedicaban buena parte de su tiempo a estas disciplinas, que en aquella época les resultaban tan prometedoras como la ciencia real; unas visiones convivían con otras.

POP!

CURIOSIDAD POP: Se dice que Newton buscó concienzudamente la piedra filosofal, una sustancia alquímica legendaria que se creía que podía convertir metales básicos (como el plomo) en oro o plata, o ser la base de un elixir de la vida que nos permitiría rejuvenecer ▶

▶ o nos haría inmortales. Su búsqueda invadió rápidamente la literatura y los cómics, como bien saben, por ejemplo, los Pitufos del dibujante belga Peyo, pues Gargamel, su antagonista, que anhelaba también descubrir la piedra filosofal, pensaba que esos pequeños seres azules eran uno de los ingredientes fundamentales para conseguirlo. Ni él ni Azrael han conseguido todavía atraparlos.

Lo bueno que tenían estas disciplinas era que también trataban con la naturaleza de primera mano y creían que el hombre podía operar (aunque fuera de manera «mágica») sobre la naturaleza; así, de la alquimia se desgajó la química, de la astrología la astronomía y de la magia la ciencia en general, siempre según la interpretación de Yates. Se descubrió que las disciplinas esotéricas, aunque en su momento fueron útiles, ya no eran válidas.

Si hoy alguien te viene ofreciendo una carta astral o la lectura del tarot, debes saber que son conocimientos descartados hace siglos por la ciencia, aunque se sigan vendiendo en programas de televisión emitidos de madrugada o en tiendas y ferias esotéricas. Lo mismo vale para la mayor parte de las terapias alternativas (homeopatía, reiki, aromaterapia, etc.) o teorías seudocientíficas (ufología, radiestesia, parapsicología). Este conocimiento no ha sido generado por el método científico, no se basa en evidencias, nadie se ha molestado en contrastarlo con la realidad.

Muchas veces, eso sí, es un negocio que reporta grandes beneficios.

Pero esto no quiere decir que el científico sea el único tipo de conocimiento válido. Hay otras disciplinas muy respetables, como el derecho o la música, que en principio no requieren del concurso de la ciencia. La ciencia es útil a la hora de explorar el mundo físico. Se ha intentado trasladar el método científico a las ciencias sociales, dado el éxito que ha cosechado en disciplinas como la física o la química, aunque solo se ha conseguido parcialmente. El ser humano y las sociedades son mucho más complejos y difíciles de estudiar y de predecir que el mundo de los átomos o las galaxias. Por eso las ciencias sociales nunca han logrado aplicar el método científico de manera tan exacta ni obtenido predicciones tan rigurosas.

Hay muchas personas que desconfían de la ciencia y consideran a los científicos como una especie de dictadores que siempre quieren tener razón e imponer sus opiniones. Nada más lejos de la realidad; las personas que piensan así no conocen el método científico. Más bien los científicos están presos de lo que dicta la naturaleza y para nada pueden imponer su opinión. Cuando la naturaleza no es clara, cuando los experimentos llevados a cabo por diferentes científicos se contradicen, hay espacio para la controversia y la discusión entre ellos. Los científicos son humanos, y los hay que se han movido por razones de ego o bien han tenido la mente cerrada a nuevas ideas. Incluso ha habido algunos que han falseado sus resultados para obtener reconocimiento. No obstante, la ciencia cuenta con un potente sistema de cribado:

cualquier científico en todo el mundo puede repetir tu experimento (esto se llama «reproducibilidad») y criticar tu trabajo hasta echarlo abajo si no es correcto.

La ciencia, además, es un sistema global en el que todos los investigadores comparten sus descubrimientos mediante publicaciones científicas que editan y revisan sus propios colegas (te sonarán *Nature* o *Science*). Por otra parte, el conocimiento científico es acumulativo. Dijo Newton que él había visto más allá porque viajaba «a hombros de gigantes»; se refería a que en la ciencia cada generación aprovecha —ya sea para ampliar o para corregir— el conocimiento obtenido por las generaciones anteriores. La ciencia es una secuencia que fluye sobre abuelos, padres y nietos, un flujo que es importante que no se detenga, como los recortes presupuestarios han amenazado con hacer en España.

Esta forma que tiene de fluir el conocimiento científico es una de las causas del tremendo éxito de la ciencia. Porque la ciencia ha construido aviones, ordenadores, ha curado múltiples enfermedades y alargado nuestra vida. Pero también ha contaminado la naturaleza, ha creado terribles bombas atómicas capaces de destruir a la humanidad o insidiosas armas químicas. Robert Oppenheimer, el inventor de la bomba atómica, llegó a decir, desconsolado: «Me he convertido en la Muerte, la destructora de mundos». Lo que no se puede discutir es que se trata de una poderosísima herramienta, tanto si se usa para el bien como para el mal. Es como un cuchillo de cocina, que puede emplearse para picar verduras pero, también, para asesinar al prójimo.

Así que, aunque a veces haya científicos equivocados, o testarudos, o caraduras, la ciencia siempre tiende a corregir sus errores. De hecho, esta constante autocrítica es otro de sus aspectos curiosos. Si te fijas, mientras que las doctrinas esotéricas y religiosas llevan diciendo lo mismo desde hace cientos o miles de años, el conocimiento científico va mutando y corrigiéndose día a día. Piensa en cómo una teoría más global y exacta como la Relatividad General de Einstein vino a sustituir a la física de Newton, que, si bien no era incorrecta en su ámbito de actuación (nuestra vida cotidiana), no podía dar cuenta de todos los fenómenos que se daban en el Universo; o bien cómo pasamos de considerar a la Tierra como centro del Universo al heliocentrismo. Así que el conocimiento científico es en todo momento provisional, y es difícil hablar de algo así como la verdad científica. Pero es lo mejor que tenemos para explicar la naturaleza. Quién sabe: quizá algún día las teorías ampliamente aceptadas para explicar nuestro mundo, como son la Relatividad y la Mecánica Cuántica, dejen paso a otras más útiles y perfectas.

En definitiva: asume un pensamiento crítico. No te creas nada de lo que lees o ves en YouTube. Ni siquiera mis vídeos, ni siquiera este libro. Lo único inmutable y la única verdad absoluta solo la tienen nuestras madres. Y, además, son adivinas, porque te dicen: «Te vas a caer, te vas a caer…», y te caes.

29
¿Cuáles son los lugares más fríos y cuáles los más calientes del Universo conocido?

En el planeta Tierra hace muy buen tiempo. Ya, lo sé; si vives en Burgos o en Soria, no estarás tan de acuerdo. Pero, seamos positivos: siempre podría ser peor, y vivir en Ushuaia (Argentina) o Alert (Canadá), las poblaciones permanentes más al sur y más al norte de la Tierra, respectivamente. Cuando digo «buen tiempo», no me refiero a que puedas estar tomando el sol en la playa, sino a que en nuestro planeta la temperatura media es ideal para la existencia de la vida.

El cuerpo humano funciona entre los 35 y los 37 °C. Si estamos más calientes, mala señal: tenemos fiebre; si el termómetro marca menos, podemos sufrir hipotermia. La temperatura adecuada es uno de los parámetros más importantes a la hora de buscar vida fuera de nuestro planeta, cosa que aún no hemos conseguido. A veces, inmersos en la vorágine de la vida cotidiana, no nos damos cuenta de lo raros que somos, de lo solos que estamos en el Universo y de la fragilidad de todo esto.

Porque siempre puede ir peor; la Ley de Murphy es implacable. Si fuéramos expulsados al espacio exterior, acabaríamos congelados a unos –270 °C, que es la temperatura media del espacio (¡qué frío es el Universo!). Si tuviésemos la «suerte» de caer en una estrella, nos freiríamos a los miles de grados que hay en su interior. Dentro de la propia Tierra hay temperaturas extremas a las que es difícil que un ser humano viva: los fríos polares, los calores desérticos, Sevilla el 15 de agosto... De todas formas, existen bacterias, llamadas extremófilas, que pueden vivir a temperaturas superiores a 70 °C (estas en concreto se llaman hipertermófilas y pueden habitar en fumarolas volcánicas submarinas o en aguas termales muy calientes).

Un extremófilo (de 'extremo' y la palabra griega *philía*, 'afecto, amor') es un microorganismo que puede sobrevivir a temperaturas incluso superiores a los 100 °C (siempre que exista agua en estado líquido, como en los géiseres), a muy altas presiones (como en la fosa de las Marianas), en entornos tan ácidos como pueda llegar a ser el ácido de una batería, ¡o incluso en el espacio exterior! Pero eso no es lo más sorprendente; lo mejor es que sintetizan materia inorgánica en orgánica (como la fotosíntesis que hacen las plantas) en un proceso conocido como «quimiosíntesis», y son capaces de transformar azufre, silicio y otros elementos químicos (a veces, altamente tóxicos) en sustancia orgánica de la que pueden alimentarse otros seres vivos... Se estudian desde hace años, pues pueden degradar materias tóxicas, dañinas o perjudiciales para el entorno natural, y en medicina se investiga cómo consiguen autorreparar su ADN.

Aún hay más. Si son capaces de sobrevivir en circunstancias tan extremas y de quimiosintetizar, ¿quién asegura ahora que es inviable la existencia de vida en otros planetas por el simple hecho de ser muy fríos o muy calientes o de presentar entornos tóxicos? De hecho, en una lluvia roja en la India se consiguió aislar unas células inertes a temperatura normal, sin ADN, que eran capaces de reproducirse a 121 °C y cuyo origen es presuntamente extraterrestre. ¿Podrían ser incluso el origen de la vida en la Tierra y desembarcaron aquí hace miles de años? Probablemente tardaremos tiempo en hallar todas las respuestas, pero, mientras tanto, podemos contemplarlas en nuestro planeta en todo tipo de entornos, como en la fuente termal Grand Prismatic Spring, en el Parque Nacional de Yellowstone, de vivos y brillantes colores dependiendo del tipo de sustancia inorgánica que sintetizan…

Pero ¿qué rangos de temperaturas existen en el Universo? Para abordar este problema, nos vendrá bien refrescar la memoria: como explicamos en el segundo capítulo, la temperatura no es más que la vibración de las moléculas que componen las cosas. En un vaso de agua caliente, las moléculas vibrarán más que en un vaso de agua fría. Si vibran mucho, llegan a escaparse de la propia agua, pasando al estado de gas en forma de vapor de agua; si vibran muy poco, llegan a ordenarse formando un sólido, el hielo. Así que lo que nuestros sentidos detectan como frío o calor es, simplemente, la vibración de estas entidades microscópicas.

Ahora ya podemos preguntarnos si existe una temperatura más baja y cuál sería. Si sabemos que la temperatura es vibración, podemos entender que la temperatura más baja posible sería aquella a la que las moléculas estuviesen quietas. Como ya vimos, esta temperatura existe y recibe el nombre de cero absoluto: ocurre a –273,15 °C (o 0 K). Observa que la temperatura media del Universo es de 3 K, solo tres grados por encima del cero absoluto, como los científicos han calculado observando la radiación de fondo de microondas, algo así como el remanente del estallido del Big Bang, a través del satélite COBE.

Por supuesto que no todo el Universo está a una temperatura tan baja. ¿Cuál sería la temperatura más alta que existe? Eso ya es más difícil de decir: sería la de la vibración más alta de las moléculas. Aquí aparece un nuevo estado de la materia: cuando las moléculas de gas vibran tanto, se descomponen en átomos, que a su vez se descomponen en las partículas elementales: protones, neutrones, electrones. Este estado de la materia descompuesta en sus más pequeños elementos se llama plasma, y es el estado más caliente. Así pues, tenemos los cuatro estados: sólido, líquido, gaseoso y plasma.

Pero, en concreto, ¿cuáles son los lugares más fríos y cuáles los más calientes del Universo conocido? Suele citarse como objeto más frío a un objeto llamado Nebulosa Boomerang (los primeros astrónomos en observarla apreciaron en ella forma de boomerang), situada a unos 5.000 años luz de la Tierra, en la constelación de Centauro. Su peculiaridad es que su temperatura es de solo 1 K, es decir, –272 °C, según midió en 1995 el Telescopio Submilimétrico del Observatorio Europeo Austral de la ESA, en Chile. Es la temperatura más fría observada de manera natural, fuera de un laboratorio científico, y el único objeto con una temperatura más baja que la de la radiación cósmica de microondas.

¿Por qué está tan fría la Nebulosa Boomerang? Porque es un gas en expansión, procedente de la muerte de una estrella; y, como dictan las sencillas Leyes de la Termodinámica, un gas se enfría cuando se expande, y se calienta cuando se comprime. Es posible que, cuando nuestro Sol muera, se convierta en algo así de frío. Pero para eso todavía falta mucho.

En un laboratorio las cosas son diferentes. Una de las mayores aproximaciones al cero absoluto se produjo en un laboratorio del MIT a cargo de Wolfgang Ketterle, ganador del Premio Nobel, que consiguió llegar a las 810 trillonésimas de grado en el año 2003. A estas temperaturas, la mayoría de los materiales están congelados; pero también aparecen, como en el helio líquido, los llamados «fenómenos de superfluidez», un estado de la materia que se caracteriza por la ausencia de viscosidad.

CURIOSIDAD CIENTÍFICA: Como veremos en un capítulo posterior, los superfluidos tienen extraños comportamientos debido a su naturaleza cuántica. Por ejemplo, pueden trepar por el lado de un vaso hasta salir de él o filtrarse a través de paredes sólidas. 😮

La mayor temperatura es la de una nube de gas que rodea un cúmulo de galaxias denominado RXJ1347, situado a 5.000 millones de años luz de distancia (menos mal) de nuestro planeta, en la constelación de Virgo: 300 millones de grados. La temperatura fue medida por el satélite de rayos X japonés Suzaku. No está claro por qué es tan caliente. Puede deberse a la colisión a gran velocidad de las galaxias que están dentro de esa región, pero sí se sabe que es la mayor temperatura detectada hasta ahora y probablemente ocurrida desde el Big Bang. El corazón del Sol, para que te hagas una idea, está a solo unos 15 millones de grados. En comparación, podríamos decir que cerca de nuestra estrella hace hasta fresquito.

He lanzado esta pregunta en las redes sociales: «¿Cuál es el lugar más frío del Universo? Y no es Soria...».

Y vuestra sabiduría ha hablado:

Instagram:

paulavives12: Mi cama cuando entro y las sábanas aún no están calentitas.
aranchimpum: Según mi novio, mis pies descalzos en su espalda cuando nos metemos en la cama.
pieropippo3: El corazón de mi ex.
ttrisrf: El camino que hay desde el baño hasta mi habitación al salir de la ducha.

Facebook:

Juan Sebastián López: la friendzone.
Pedro Villarías: El abrazo de mi suegra. ❄ Cero absoluto y porque no se puede menos...

30
¿Qué tienen que ver el LSD y la serendipia?

¿Nunca te ha ocurrido que consigues algo sin proponértelo, de pura suerte? Pues a los científicos también les ocurre. En un capítulo anterior explicamos en qué consiste el método científico, todo eso de elaborar una hipótesis y diseñar experimentos que la confirmen o la desmientan (y, en este último caso, seguir investigando). Pero el método científico no es algo rígido y muchas veces los descubrimientos suceden por mero azar. Los científicos son seres humanos como los demás, y también tienen golpes de suerte, y descubren cosas de chiripa, si bien es cierto que solo su previo conocimiento y arduo trabajo les permiten en muchos de esos casos darse cuenta de detalles o aprovechar casualidades que para otros habrían pasado inadvertidos.

El término que se ha dado para describir cuando esto pasa es «serendipia», y fue acuñado por un escritor británico del siglo XVIII, Horace Walpole, a partir de un viejo cuento persa titulado *Los tres príncipes de Serendip*. Serendip es el antiguo nombre de la isla actualmente conocida como Sri Lanka, y los protagonistas del relato resolvían entuertos ayudados por casualidades inimaginables. En 1955, la prestigiosa revista estadounidense *Scientific American* (en su versión española se llama *Investigación y Ciencia*) recuperó el término para referirse al ámbito que nos ocupa, y la Real Academia de la Lengua Española la define como «hallazgo valioso que se produce de manera accidental o casual». La serendipia, en ciencia, se da cuando un científico o grupos de científicos están buscando una cosa y acaban encontrando otra, inesperada. También tiene su mérito, porque muchas veces este descubrimiento lateral no es fácil de detectar, y hay que tener ojo para darse cuenta de la importancia de lo que uno tiene delante. Existen muchos ejemplos.

HÉROES SIN CAPA: Uno de los casos más conocidos es el del microbiólogo británico Alexander Fleming y el descubrimiento de la penicilina. Corría el año 1928 y Fleming regresó a su laboratorio después de unas vacaciones de tres semanas. Allí se había olvidado unas placas de cultivo en las que crecía la bacteria *Staphylococcus aureus*. En la placa había crecido también, accidentalmente, un hongo que, según parecía, evitaba la proliferación de la bacteria. Las bacterias patógenas no crecían alrededor del moho que se había formado: de alguna forma, el hongo (que no tenía que estar allí) las estaba matando. El hongo era de la especie *Penicillium notatum*, así que Fleming bautizó a la sustancia que producía como penicilina. Se abría así la era de los antibióticos. ▶

▶ El descubrimiento, aunque casual, no fue menor; de hecho, cambiaría la historia de la medicina. Fleming ganó el Premio Nobel en 1945, compartido con los químicos estadounidenses Ernst Boris Chain y Howard Walter Florey, quienes, durante la Segunda Guerra Mundial, lograron purificar la sustancia para que fuese usada en humanos y comercializada. Gracias a los antibióticos que desde entonces se descubrieron se logró vencer a un gran número de microorganismos que atacan el cuerpo humano, salvando millones de vidas y aumentando la esperanza de vida y el bienestar de toda la humanidad. ¡Menuda suerte! Sí, mucha suerte; pero, si Fleming no hubiese sido un científico de primera categoría para detectar aquella anomalía y profundizar en ella, no habría logrado tan crucial descubrimiento.

Otro ejemplo, algo extraño, de serendipia es el del químico orgánico alemán August Kekulé, descubridor de la estructura del benceno. Esta molécula, un hidrocarburo aromático, tiene grandes utilidades en la industria química: se utiliza para fabricar goma, tinte, detergente, pesticidas, medicamentos, etc.; hasta se encuentra en el humo de los cigarrillos. Desde un punto de vista químico, se caracteriza porque algunos de sus átomos se disponen en forma de anillo. El descubrimiento de esta estructura, común a todos los compuestos aromáticos, fue obra de Kekulé. Cuando veinticinco años después de su descubrimiento la Sociedad Química Alemana le rindió homenaje, el científico relató cómo se había producido: después de un año de investigación, la estructura de anillo del benceno se le había presentado a Kekulé en sueños como una gran serpiente que se mordía la cola, al modo del Ouroboros, el símbolo de los antiguos griegos y egipcios, y de los alquimistas, que simboliza el eterno retorno de las cosas (aquí diríamos la pescadilla que se muerde la cola, pero no queda tan sugerente, la verdad). La anécdota de Kekulé no suena muy científica y tampoco está claro si entra dentro de la serendipia, pero ahí está, en un curioso lugar dentro de la historia de la ciencia.

En las listas de descubrimientos por serendipia suelen incluirse otros como el del teléfono por Alexander Graham Bell, el modelo atómico de Niels Bohr (también se le presentó en sueños), el teflón (hallado por casualidad por Roy J. Plunkett) o el descubrimiento por parte del químico suizo Albert Hoffman del LSD, la alucinógena dietilamida del ácido lisérgico que causó furor entre los hippies y que abrió las puertas a nuevas dimensiones psicodélicas.

En 1938, Hoffman trabajaba en los laboratorios Sandoz de Basilea tratando de producir ciertos fármacos a partir del hongo del cornezuelo del centeno (también llamado ergot). Ahí sintetizó el LSD, pero como no resultaba útil *a priori*, se almacenó hasta 1943, cuando fue recuperado. Fue entonces, en el proceso de experimentación, cuando el compuesto entró accidentalmente en contacto con la piel de sus dedos y fue absorbido por su organismo. El químico notó mareos y sensaciones extrañas y tuvo que dejar el laboratorio, irse a casa y tumbarse. En la mente de Hoffman, durante dos horas, aparecieron mundos de fantasía, caleidoscopios de colores, todo tipo de formas y sonidos... A partir de ahí, y después de algunos «malos viajes», Hoffman se puso a investigar los usos de su nuevo descubrimiento en el mundo de la psiquiatría, aunque el LSD, el «tripi», prosperó más como droga recreativa.

Inventos como el microondas o la viagra son fruto de la mera casualidad, incluso el resultado de experimentos fallidos en busca de soluciones distintas a las conseguidas, como ocurrió con el siguiente caso: en 1970, el químico Spencer Silver estaba intentando conseguir un potente pegamento, pero los resultados no eran los esperados. Se dio cuenta, sin embargo, de que era suficientemente fuerte para sujetar pequeñas notas de papel que inundaban su mesa, pero lo suficientemente débil para no dejar rastro porque podía despegarse con facilidad. Así nacieron los *post-it*.

En cuanto al microondas, en 1946, el ingeniero Percy Spencer, de la Raytheon Corporation, descubrió, contrariado, que un tubo que estaba probando llamado magnetrón (que transforma la energía eléctrica en energía electromagnética y se usaba desde 1930 para construir radares) había derretido la chocolatina que llevaba en el bolsillo. Una vez superado el enfado, experimentó con otros alimentos en una pequeña caja metálica sometida a las ondas de baja densidad de un pequeño magnetrón. De ahí a hacer palomitas en tres minutos solo quedaba un paso.

CURIOSIDAD CIENTÍFICA: Lo de la viagra, esa pastillita azul que ayuda en horas bajas a hombres de todo el mundo, es más curioso todavía. Fue diseñada para enfermos con hipertensión o angina de pecho. La sorpresa de las enfermeras del hospital de Morriston, en Gales, durante los primeros ensayos fue mayúscula cuando descubrieron que los pacientes tratados con ella mejoraban solo levemente de sus afecciones cardíacas y, sin embargo, estaban muchísimo más «contentos» de lo habitual.

La serendipia también va más allá de los límites de las disciplinas científicas. Por ejemplo, como señala Umberto Eco, el descubrimiento de América en 1492 por parte de Cristóbal Colón también tuvo que ver con la chiripa: las tres carabelas de Colón navegaban en pos de las Indias Orientales cuando se toparon con un enorme continente del que nadie en el Viejo Mundo tenía noticia.

Así que, unos últimos consejos. Primero: ten en cuenta que la suerte, como dijo Picasso de la inspiración, te debe pillar trabajando (tumbado en la cama mirando el WhatsApp es poco probable que seas afortunado). Y segundo: muy atento a cuando la serendipia aparece; solo los más sagaces saben identificar uno de estos juegos del destino como una oportunidad para llegar a nuevos y reveladores hallazgos. Porque, aunque hablamos de azar o suerte, esta no basta. Por eso nunca deseo suerte a mis alumnos antes de un examen; prefiero un «que la Fuerza te acompañe».

31
El espacio-tiempo vibra

Hace mucho, mucho tiempo, en una galaxia muy lejana (no, no es el comienzo de *Star Wars*) dos agujeros negros colisionaron en uno de los eventos más violentos y energéticos que se pueden dar en el Universo. Lo que quedó fue un agujero negro más grande y en rotación. Tan violento y energético fue el choque, que hizo vibrar al propio tejido del espacio-tiempo. Esa vibración empezó a propagarse, tal y como se propagan las perturbaciones que genera una piedra que cae en un estanque en calma, solo que a la velocidad de la luz. Mil cuatrocientos millones de años después, muy debilitadas, esas perturbaciones llegaron a un pequeño planeta que gira en torno a una estrella mediocre en una esquina de una galaxia del montón, la Vía Láctea. Cuando se emitieron, en ese planeta solo comenzaban a aparecer formas de vidas con reproducción sexual, pero a su llegada ese planeta tenía algo especial: vida inteligente (aunque viendo lo que hacemos con nuestro planeta, lo de «vida inteligente» a veces lo pongo en duda). Vida humana. Y en la Tierra, ese pequeño planeta, los humanos habían desarrollado una sofisticada tecnología para detectar esas minúsculas señales. Corría el 14 de septiembre de 2015, verano, a las 5.51 horas en el este de Estados Unidos. Por primera vez se detectaban las ondas gravitacionales.

Junto con el bosón de Higgs, el de las ondas gravitacionales ha sido uno de los grandes descubrimientos científicos de los últimos años. De hecho, en 2017, tanto el Premio Nobel de Física como el Princesa de Asturias fueron otorgados a los cerebros que permitieron su descubrimiento: Kip S. Thorne, Rainer Weiss y Barry C. Barish. Además de por su labor puramente científica, Kip S. Thorne es uno de esos científicos con carisma conocido por otras razones más anecdóticas: por apostarse una suscripción a la revista erótica *Penthouse* con su amigo Stephen Hawking a propósito de la existencia de agujeros negros, o por ser el asesor científico de la película *Interstellar*, donde los asuntos gravitatorios tienen mucho que decir. Pero la idea de las ondas gravitacionales era mucho más antigua: había sido predicha cien años antes de su descubrimiento, en 1915, cuando el genial Albert Einstein enunció su Teoría General de la Relatividad, la forma que actualmente tenemos de entender el Universo.

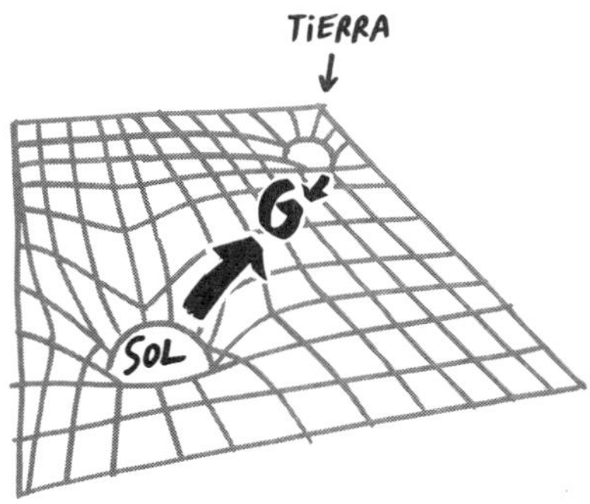

Lo que viene a decir la Teoría General de la Relatividad es que el espacio-tiempo es como una especie de malla en la que vivimos inmersos. Las grandes masas, como las estrellas y los planetas, deforman esa malla, la curvan, por eso «caemos» hacia ellos. Y a esa curvatura la llama gravedad. En realidad, nuestros propios cuerpos, las bolas de billar o las mariposas también la curvan, pero nuestra gravedad es muy pequeña comparada con la de los grandes objetos celestes. Newton había dicho que la gravedad era una fuerza a distancia, una atracción invisible, casi mágica. Einstein explica que, más bien, es cuestión de geometría. Como en la pila del baño: si pones encima una canica, esta caerá hacia el sumidero. Así deforma la masa al espacio. De hecho, existe una frase que resume fácilmente la teoría: la masa dice al espacio cómo curvarse; el espacio dice a la masa cómo moverse.

Las ondas gravitacionales son vibraciones de esa malla espacio-temporal similares, como hemos dicho, a las ondas en un estanque, una lona o una cama elástica. Solo que aquí lo que vibra no es la superficie del agua o la lona, sino el propio espacio-tiempo. Es difícil de imaginar, pero es así: vibra el propio tejido de la realidad.

La Relatividad General había tenido diferentes confirmaciones. Por ejemplo, había predicho ciertas anomalías en la órbita de Mercurio. El astrofísico británico Arthur Eddington, durante un eclipse en 1919, verificó incluso la curvatura de los rayos de luz por el Sol. Sí, aunque no sea nada intuitivo y nuestra diminuta experiencia a escala de lo que ocurre en el Universo nos sugiera lo contrario, la luz no sigue siempre una línea recta, también se curva. Sin embargo, las ondas gravitacionales eran una predicción que faltaba por confirmar. Su descubrimiento en el mundo físico permitió confirmar que Einstein, una vez más, estaba en lo cierto. Pero ¿cómo se consiguió detectar estas ondas y por qué resultaban tan esquivas?

El instrumento utilizado para observar estas ondas no es un telescopio al uso sino una gran instalación científica llamada Observatorio de Interferometría Láser de Ondas Gravitacionales (LIGO, por sus siglas en inglés). Consiste en dos observatorios estadounidenses, el Observatorio Livingston (Luisiana) y el Observatorio Hanford (Washington), separados entre sí más de 3.000 kilómetros. Cada uno tiene un sistema de interferometría con dos brazos perpendiculares de 2 kilómetros. Para intentar explicarlo con sencillez: por esos brazos viaja un rayo láser cuyo patrón de interferencia varía si el espacio-tiempo se dilata o se contrae (de ahí que se llamen interferómetros). Así, al paso de una onda gravitacional, será detectable en ellos. Y son dos para evitar medidas incorrectas producidas, por ejemplo, por movimientos sísmicos. El LIGO empezó a desarrollarse en 1985 a cargo de Thorne y Weiss, y ha costado 365 millones de dólares.

Desde la primera detección se han hecho otras más. Por ejemplo, en agosto de 2017 se captó el choque de dos estrellas de neutrones a 130 millones de años luz de la Tierra. En consecuencia, la observación de ondas gravitacionales no es solo una forma de confirmar la Relatividad General, sino que también tiene una gran utilidad al abrir una nueva rama de la astronomía, la astronomía de ondas gravitacionales. Si hasta ahora los astrónomos han escudriñado el cielo a través de la luz visible, o los rayos X, o la luz infrarroja o ultravioleta, entre otras, ahora cuentan con unas nuevas aliadas. A través de las ondas gravitacionales podrán estudiar algunos de los fenómenos más energéticos del Universo, como son los choques de galaxias, los fenómenos asociados a agujeros negros o las explosiones de supernovas. Afortunadamente, como están a millones de años luz, no nos pillarán cerca.

32
¿Eres de ciencias o de letras?

¿Y tú de qué eres, de ciencias o de letras? Seguro que te han formulado muchas veces esta pregunta. O, incluso, puede que tú mismo hayas declarado alguna vez tu pertenencia a uno u otro bando. «Yo soy de letras, así que no me hagáis dividir la cuenta de la cena», o «Yo soy de ciencias, paso de elegir las preguntas de Arte y Literatura del Trivial».

No es raro: en el instituto ya nos dividen en dos grupos bien diferenciados (qué manía con las etiquetas): los que estudiarán las leyes que rigen la naturaleza y sus peculiaridades (y que tratarán de sacar de ahí utilidades científicas y tecnológicas) y los que se dedicarán a sumergirse en las entretelas del ser humano, su pensamiento, su historia, sus lenguas (y que producirán estudios sobre los humanos o diferentes creaciones artísticas). Son dos ámbitos del saber con temas diferenciados y con métodos también dispares, aunque las humanidades, dado el éxito del método científico, cada vez traten de hacerse más científicas y matemáticas (sin tanto éxito, porque la naturaleza es mucho más predecible que la economía, la historia o la psique humana).

El físico y novelista británico C. P. Snow pasó a la historia en 1959 por pronunciar una célebre conferencia, en el Senate House de Cambridge, titulada *Las dos culturas*, donde hablaba sobre este cisma que se produce entre los estudiosos de ciencias y de humanidades. Snow consideraba que esta falta de comunicación, esa falta de multidisciplinariedad, podría ser problemática a la hora de afrontar los retos que en su época afrontaba la humanidad. Hay que decir que el texto de Snow no era totalmente ecuánime, porque pintaba a los físicos como heroicos adalides del progreso, mientras que a los literatos casi los dibujaba como rémoras de la cultura anquilosada y tradicional, contrarios a cualquier avance (de hecho, a partir de su intervención se generaron fecundas polémicas). Y tampoco se trata de eso.

Pero es cierto que en ocasiones la gente de letras y la de ciencias ni se entienden ni tratan de hacerlo. Aunque existen ciertas asimetrías. Ser una persona culta suele asociarse con tener un bagaje cultural sobre temas humanísticos más que sobre temas científicos. Por ejemplo, se considera de incultos no conocer ciertos datos esenciales sobre la Revolución Francesa o el *Quijote*. Sin embargo, a nadie le parece una incultura no conocer las implicaciones de las leyes de Newton o el Segundo Principio de la Termodinámica, una ley fundamental de la naturaleza que vertebra nuestro mundo. Hay muchas voces que se han alzado para decir que «la ciencia también es cultura».

Durante muchos años la ciencia estuvo relegada a los espacios más reducidos en los medios de comunicación; sin embargo, hay buenas noticias: en los últimos años los grandes medios generalistas parecen más preocupados por la ciencia y sus resultados, y el público cada vez demanda más estas informaciones. Se me ocurre que tal interés puede venir por la revolución tecnológica en la que nos vemos envueltos y que puede llevar a la gente a preguntarse cómo se inventan todos los prodigios que utilizamos y qué es esa cosa llamada ciencia que los produce.

Tal vez este auge venga a paliar la tradicional incultura científica que sufren España y muchos otros países del mundo. La Fundación Española para la Ciencia y la Tecnología (FECYT) hace frecuentes encuestas sobre la percepción social de la ciencia que toman el pulso a lo que la gente sabe de ciencia y a lo que opina de la ciencia y de los científicos. En la octava edición, de 2017, da buenas noticias. El porcentaje de españoles que siguen con interés la ciencia ha subido del 6,9% en 2004 al 16% en 2016, con un crecimiento acumulado del 132%. En el otro lado, el 44,2% opinan que su formación científica es baja o muy baja (aunque mejora desde el 47,1% anterior).

Otro dato interesante: a pesar de que vivimos en un mundo profundamente científico-técnico (y cada vez más), no abundan las vocaciones: en 2015, la Comisión Europea predijo que en 2020 quedarían sin cubrir 900.000 puestos de trabajo tecnológicos en todo el territorio de la Unión. Las carreras científicas y las ingenierías tienen extraordinarias oportunidades laborales; en cambio, los jóvenes no las eligen lo suficiente y a las empresas les cuesta encontrar los perfiles profesionales que necesitan. La economía y el desarrollo dependen de ello. Las humanidades también son y serán útiles en la era digital: según dicen los expertos, uno de sus principales cometidos será guiar al ser humano en ese vertiginoso avance tecnológico sin perder el norte. ¿Para qué queremos la tecnología? ¿Cómo hacerla compatible con el mantenimiento de la cultura humana? Posthumanidad, robots, destrucción ecológica...: ¿cómo manejar estos retos?

Hay quien aboga por una tercera cultura que supere a ambas. Es el caso del editor estadounidense John Brockman, que desde su Fundación Edge pelea por esta idea. Para Brockman, los intelectuales del futuro (y del presente) serán los que se ocupen de los problemas cotidianos de la humanidad en todos sus aspectos desde puntos de vista empíricos y científicos (y no comentando a Nietzsche, Freud, Marx o los estructuralistas franceses); por tanto, provendrán de disciplinas científicas. Es el caso del psicólogo evolucionista Steven Pinker (en sus trabajos defiende que vivimos en los tiempos menos violentos y agresivos de la historia humana), el biólogo darwinista Richard Dawkins (conocido también por su feroz ateísmo) o el filósofo Daniel Dennett (dedicado a un tema tan peliagudo como estudiar la naturaleza de la conciencia humana). Sin ir más lejos, el trabajo de lingüistas y filólogos, en cooperación con informáticos e ingenieros, permite el desarrollo de aplicaciones de reconocimiento de voz, traductores automáticos, correctores ortográficos, mejoras semánticas en las búsquedas y los cientos de aplicaciones que usamos día a día. Y si no me crees, pregúntale a Siri, el asistente de voz de cualquier iPhone, su opinión al respecto.

En definitiva, es importante dejar de pensar en compartimentos estancos e interesarse por todas las cosas del mundo, estén en el cajón que estén: que los físicos se interesen por la historia y los filólogos por la biología. Como decía Snow, de esta forma los seres humanos afrontarán con más habilidad los problemas que se presenten en el futuro. Mi consejo es que tengas interés por todo lo que te rodea, sean fenómenos propios de la naturaleza o de los seres humanos, y que cuando te pregunten si eres de ciencias o de letras, contestes: «¡De las dos!». Te dará igual elegir entre el verde y el amarillo jugando al Trivial y serás casi invencible.

33
¿Cuántas arañas hacen falta para frenar un Boeing 747?

Aunque a la mayoría de la gente le asusten las arañas, a mí me fascinan; llámame raro. O arácnido, como Peter Parker, aquel chaval que durante una exposición científica sufrió la picadura de una araña radiactiva y adquirió unos asombrosos poderes sobrenaturales parecidos a los de estos insectos: superfuerza, superagilidad, sentido arácnido o capacidad para trepar por las paredes. Ese chaval termina convirtiéndose en Spiderman, otro superhéroe más de Marvel, creado en 1962, en el número 15 de la revista *Amazing Fantasy*, por el guionista Stan Lee (el mismísimo capo de Marvel que siempre hace un cameo en todas las últimas películas de la factoría) y el dibujante Steve Ditko. Desde entonces, el Hombre Araña alcanzó dosis increíbles de popularidad (quizá todos los adolescentes tímidos y un poco frikis siempre se identificaron con él), pero desde el estreno de sus últimas películas su éxito se ha disparado. Incluso yo lo he usado en uno de mis vídeos, en el que explico el péndulo simple. Tuve que volver a verlas todas de nuevo porque no recordaba en cuál de ellas había oído la frase que me vendría genial para ilustrar mi ejercicio. Y la encontré, aunque costó. La Ley de Murphy es inexorable y no fue hasta la última de ellas (no las vi en orden) cuando conseguí encontrar la escena que buscaba: aquella en que dos estudiantes, supongo que de física, discuten sobre la masa de Spiderman mientras pasean por el campus y uno de ellos dice: «Venga, sabes que el peso de la plomada en cualquier péndulo no afecta a la velocidad de balanceo». Me vino de perlas.

Pero volvamos a las arañas y la ciencia que las rodea, mucha más de la que imaginas, como verás a continuación. Las arañas pertenecen al orden *Araneae*, dentro de la clase *Arachnida*, un tipo de artrópodos entre los que se encuentran los escorpiones o los ácaros, estos últimos son dignos de cualquier película apocalíptica si aumentaran su tamaño. Se han identificado la friolera de 46.500 especies de arañas, muchas de ellas con características sorprendentes.

CURIOSIDAD CIENTÍFICA: La BBC publicó en 2014 un artículo en el que se especulaba con las grandes proezas que podría hacer un ser humano de tener las habilidades de las arañas a su propia escala (ser algo así como Spiderman). Por ejemplo, un ser humano arácnido podría levantar 170 veces su peso a la vez que camina por el techo; es decir, podría levantar un autobús de dos pisos de esos que recorren el centro de Londres. Podría saltar 50 veces su longitud, lo que sería el equivalente para nosotros a saltar un campo de fútbol. Y respecto a la velocidad: podría recorrer 70 veces ▶

▶ por segundo lo que mide su cuerpo, es decir, viajar 10 veces más rápido que el atleta jamaicano Usain Bolt, el hombre más rápido del mundo, poseedor de varios récords mundiales de velocidad, ocho medallas de oro olímpicas y once títulos mundiales. Le apodaron *Lightning* Bolt (Relámpago) y ostenta dos récords de velocidad estratosféricos: 9,58 segundos en los 100 metros y 19,19 en los 200. Es increíble, pero, si tuviera poderes arácnidos, habría tardado solo un segundo en completar los cien primeros metros.

Pero lo más sorprendente no son sus capacidades olímpicas, sino lo que son capaces de fabricar: una resistente y elástica fibra de proteínas a la que llamamos «tela de araña» (aunque no lo hacen todas: solo las tejedoras, que tienen peor visión y necesitan sus telarañas para cazar a sus víctimas), un material muy peculiar que hace que muchos científicos e ingenieros la estudien tratando de hallar nuevas utilidades. Como muestra de su resistencia: un hilo de tela de araña del grosor de un lápiz (70 mm) podría frenar a un Boeing 747 en pleno vuelo; es cinco veces más fuerte que el acero y más o menos tan fuerte como el kevlar de los chalecos antibalas. Si recurrimos a las matemáticas (el grosor de un hilo de seda de araña es de 1 micra, 1 milésima de milímetro), 70.000 arañas podrían frenar nuestro Boeing. Quién lo diría, con lo frágiles que parecen.

Y no solo pueden detener aviones; su carácter biocompatible hace que la telaraña tenga usos potenciales en biotecnología, medicina regenerativa, suturas quirúrgicas reabsorbibles o cultivos celulares. También se investigan sus posibles usos para hacer baterías más eficientes y duraderas, ideales para su aplicación en *smartphones* o *tablets*. La telaraña de Spiderman no es un superpoder propiamente dicho, pues sus conocimientos de ciencia le permitieron fabricarla y diseñar sus famosos lanzatelarañas. ¿Quién ha dicho que ir a clases de física y biología no sirve para nada?

Las propias arañas les encuentran multitud de usos a sus fibras, además de la fabricación de telarañas: construcción de nidos, tareas reproductivas, escalada, transporte aéreo (el llamado «vuelo arácnido»), campanas de buceo (para la araña de agua, que vive sumergida), sensores de movimiento y hasta alimento, cuando no hay otra cosa que comer. El vuelo arácnido recibe también el nombre de *ballooning*, y es algo similar a lo que hacemos los humanos cuando practicamos disciplinas como el parapente; en el caso de las arañas, tienden unas telas que son sopladas por el viento y que arrastran al animal, así pueden moverse decenas de kilómetros, llegando a colonizar islas o barcos lejanos, como método de supervivencia y de dispersión de la especie. Después de la temible explosión del volcán Krakatoa, en 1883, que devastó casi totalmente la isla (entre Java y Sumatra), lo primero que se encontraron los exploradores, siete meses después, fueron arañas que probablemente habían llegado allí de esta manera.

Pero pasemos de la araña al Hombre Araña. ¿Qué tiene que decir la ciencia sobre Spiderman? Primero examinaremos su poder de trepar. En alguna película vimos que se debe a unas pequeñas espinas que le salen en las yemas de los dedos, aunque, siendo rigurosos, no está claro que esos pequeños enganches pudieran permitirle trepar por las paredes. ¿Cómo lo hacen las arañas de verdad? Pues a través de las llamadas «fuerzas de Van der Waals», bien conocidas por los físicos y químicos; son fuerzas de atracción que operan entre las moléculas cuando están muy próximas y que las arañas (y las salamandras, las lagartijas, etc.) utilizan a través de miles de filamentos pequeñísimos que hay en sus patas. Estas fuerzas se deben, *grosso modo*, a que la carga eléctrica positiva y negativa de una molécula no está uniformemente repartida todo el tiempo, y se generan efímeras zonas de cargas positivas y negativas en las diferentes moléculas, atrayéndose entre sí. Se trata de fuerzas débiles, pero, si tenemos gran cantidad de moléculas operando al mismo tiempo, su efecto se ve multiplicado; es lo mismo que pasa con los filamentos de las arañas.

Ahora bien, por razones similares a las de la ley del cuadrado-cubo que ya vimos en el capítulo 20, el porcentaje de superficie corporal de este tipo necesario para trepar depende del peso del individuo trepador, como es lógico. Mientras que para una araña bastan las diminutas superficies de sus patitas porque pesan muy poco, un humano debería tener estas superficies por el 40% de su cuerpo... o calzar lo equivalente al número 145 de zapato, según investigaciones de la Universidad de Cambridge.

En cuanto a sus sentidos (gracias a los cuales Peter pudo desprenderse de sus gafas y de su miopía), sus cuatro pares de ojos pueden enfocarse en diferentes direcciones y así estar atentas a todo lo que sucede alrededor; y, aunque por lo general son cortas de vista, las arañas saltarinas tienen una de las mejores visiones del reino animal: poseen cuatro capas de células fotosensibles en su retina, cuando lo normal es tener solo una. Para aquello que no logran ver, muchas de ellas están equipadas con pelos sensibles a la vibración y a los movimientos del aire por todo el cuerpo, sobre todo en las patas, que las advierten casi siempre de los peligros que las acechan. Es el famoso sentido arácnido de Spiderman.

Recordando una mítica frase de la saga («Todo poder conlleva una gran responsabilidad»), piénsalo detenidamente y responde: ¿con cuál de sus superpoderes te quedarías?

He lanzado esta pregunta en las redes sociales: «¿Cuántas arañas hacen falta para detener un Boeing 747?».

Y vuestra sabiduría ha hablado:

Twitter:

@SirHadouken: Solo una araña… ¡en la cabina junto a un piloto aracnofóbico!
@Ayos_Nexz: spider-man cuenta?

34
¿Qué tienen en común un molino eólico y el Coche Fantástico?

El presente es de ustedes, pero el futuro, por el que tanto he trabajado, me pertenece.

Nikola Tesla

Un aerogenerador y el Coche Fantástico tienen en común a un hombre que se llama Michael. Pero no Michael Knight (interpretado por David Hasselhoff), el que conducía el fantástico automóvil KITT, sino un Michael del siglo XIX: el británico Michael Faraday (1791-1867), uno de los físicos y químicos más importantes de la historia (dicen que Einstein tenía en su despacho un retrato suyo junto al de Newton y Maxwell), gracias al cual se producen milagros cotidianos de los que no solemos sorprendernos; por ejemplo, pulsar un interruptor y que, tachán, se haga la luz.

Faraday, todo un genio al que no se da el crédito merecido, descubrió entre otras cosas que, si movemos un material conductor en un campo magnético, producimos una corriente eléctrica. Se llama inducción electromagnética y se basa en que la tensión (la que medimos en voltios y con la que hay que tener cuidado) en un circuito cerrado es proporcional a la rapidez con la que cambia el flujo magnético en su interior. Esa tensión, esa diferencia de potencial, es lo que produce la corriente eléctrica, la que circula por los circuitos eléctricos de todos nuestros dispositivos, y los hace funcionar, incluso sin estar enchufados: basta con conseguir que el flujo magnético que genera un imán varíe con el tiempo. Lo importante de este fenómeno es que en sus múltiples variantes es una forma muy útil de producir energía; es la base de aerogeneradores, dinamos, centrales hidroeléctricas, alternadores, etc.

POP!

CURIOSIDAD POP: Algún guionista de *Lost* (*Perdidos*) debía de conocer a Michael y bautizó como Daniel Faraday a uno de los personajes de la serie. No es casualidad que fuera la mente más científica de todos los protagonistas, todo un doctor en Física por la Universidad de Oxford al que su madre regaló el famoso diario de Michael Faraday en su graduación (de ahí que tomara de él su apellido). Como buen físico, descubre varios hechos relacionados con la dilatación del tiempo que experimenta un viajero que está en la isla con respecto a otro que está fuera, así como la contracción de la longitud que hace que la luz no se expanda debidamente (la parte teórica de todo ello es mérito de Einstein, por supuesto). Por eso Daniel empieza a ▶

▶ sospechar que la energía de la isla deforma el espacio-tiempo y crea agujeros de gusano para realizar viajes en el tiempo. No te cuento más por si no has visto la serie, que no quiero hacer *spoilers*. Solo te dejo una de sus míticas frases. «Todo lo que hacemos ya ocurrió en el futuro. No importa lo que intentes, no importa lo que hagas. Lo que pasó, pasó». Bravo por los guionistas... menos por el desenlace final de la serie. Claro, ahí no estuvieron muy finos. Nadie es perfecto.

Un generador eléctrico viene a ser ese conductor que se mueve dentro del campo magnético. Su complemento es un motor eléctrico, que vuelve a convertir esa electricidad en movimiento. El descubrimiento de Faraday cambió el mundo para siempre, dando paso a la era de la producción de electricidad. Ahora puedes enchufar la tostadora a la red eléctrica y tostar pan. O ver la tele, poner el aire acondicionado o usar un ordenador.

CURIOSIDAD CIENTÍFICA: Cuenta una anécdota que en una ocasión, en la primavera de 1855, Faraday estaba dando una conferencia sobre sus descubrimientos en torno a la naturaleza de la electricidad y el magnetismo, cuando el entonces ministro de Hacienda británico (y posteriormente primer ministro en cuatro ocasiones), William Gladstone, preguntó al científico ▶

▶ para qué servía todo aquello que explicaba. «No se preocupe —respondió Faraday—, algún día el gobierno cobrará impuestos sobre esto.» Hoy en día, el precio de la factura de la luz y los impuestos que se aplican sobre ella, así como la llamada «pobreza energética» (la que se da cuando las familias no pueden acceder a la electricidad), suelen ocupar buena parte del espacio en los medios de comunicación y el debate público.

Pero volvamos al aerogenerador. La forma de producir energía es moviendo un conductor en un campo magnético o moviendo un imán cerca de un conductor para producir un campo magnético variable, tal como indicaba Faraday. Normalmente es el imán el que se mueve. En el caso de los aerogeneradores, esto no es del todo cierto. Para empezar, ¿qué es lo que mueve las palas del aerogenerador? Pues el viento. Como sabemos, la energía ni se crea ni se destruye, solo se transforma; así, la energía eólica del viento mueve las palas del molino en sentido circular, generando energía cinética, que a su vez mueve el rotor (donde se encuentra el conductor) que gira alrededor de un imán fijo en el centro (de ahí su nombre, estátor). En el caso de las centrales hidroeléctricas, la base es la misma, pero es la fuerza del agua la que hace que se muevan las turbinas. Y en las centrales térmicas se quema un combustible (por ejemplo, carbón o gas natural) que calienta agua, produciendo vapor, cuya presión hace girar las turbinas de una máquina regida por un modelo mejorado de una máquina diseñada hace 2.000 años, la eolípila. En las centrales nucleares la cosa funciona de la misma manera, con la diferencia de que la energía necesaria para calentar el agua se obtiene de la energía nuclear de los materiales utilizados (normalmente, uranio-235 o plutonio-239), que se encuentra en el núcleo de los átomos que se fisionan. En definitiva, en virtud de la Ley de Faraday, podemos recoger la energía que se encuentra en los ríos, el viento o diferentes combustibles y transformarla en electricidad. Así de fácil.

HÉROES SIN CAPA: Herón de Alejandría (siglo I d.C.) fue un ingeniero y matemático, considerado uno de los inventores más grandes de la Antigüedad. Uno de sus mayores éxitos es la considerada como la primera máquina térmica de la historia, la eolípila, una esfera hueca de metal que podía girar diametralmente conectada a una caldera a la que se le adaptaban dos tubos curvos. Una vez que el agua dentro de la esfera se calentaba, empezaba a hervir y generaba vapor, que al salir por los tubos hacía girar la bola muy rápido. Al principio se cree que solo le encontraron utilidad como juguete para los niños de la época, pero más tarde se dieron cuenta de que tenían en sus manos uno de los inventos más importantes de la historia. Siguiendo los pasos de ▶

▶ Herón, ya en el siglo XVIII, Savery, Hooke o Newcomen desarrollaron sucesivamente diferentes máquinas térmicas que inspirarían finalmente a James Watt (de ahí el nombre de vatio [W] como unidad internacional de potencia) en el invento de su célebre máquina de vapor, que marcó el comienzo de la Revolución Industrial y cambió el destino de la humanidad.

Otra diferencia entre las diferentes formas de producción de energía es su coste ecológico y sus residuos. Mientras que el agua y el viento son energías limpias y renovables, la combustión de gas y carbón emite CO_2 a la atmósfera, aumentando el efecto invernadero. En cuanto a las centrales nucleares, los posibles efectos devastadores para el planeta se multiplican exponencialmente, pues, aunque son muchísimo más eficientes y producen gran cantidad de energía, dejan a cambio residuos radiactivos peligrosísimos que hay que almacenar en cementerios nucleares durante varios siglos. No suelen producirse fugas (afortunadamente, sus trabajadores y los científicos implicados son mucho más responsables que Homer Simpson, encargado de la seguridad de la central nuclear de Springfield) y se han producido pocos accidentes, si bien cuando han tenido lugar han causado gravísimos e irreparables daños en su entorno. Basta con recordar las catástrofes de Chernóbil (Unión Soviética, 1986) o Fukushima (Japón, 2011), considerados dos de los mayores desastres medioambientales de la historia.

Uno de los grandes retos de la humanidad es solventar esta cuestión: ¿cómo generar la creciente cantidad de energía que demanda la sociedad de forma segura y respetuosa con el planeta?

Y ¿qué pinta el Coche Fantástico en todo esto? Pues que, como en todos los coches, un alternador, que genera electricidad aprovechando el giro de las ruedas, recarga la batería que permite que funcionen todos los aparatos eléctricos de tu coche, cada vez más dependientes de la electricidad. En el caso de KITT, que molaba más todavía, hacía funcionar un ordenador con inteligencia artificial, ya no solo mucho más sensato que Michael, sino con la capacidad para hablar o activar el Turbo Boost, gracias al cual daba increíbles saltos para salirse siempre con la suya y dejarnos a todos con la boca abierta.

AC/DC (no, no me refiero al mítico grupo de rock australiano) son las siglas de Corriente Alterna/Corriente Continua en inglés, las siglas que definieron una auténtica guerra empresarial a finales del siglo XIX. Gracias a Faraday supimos cómo producir electricidad, pero llegó el siguiente problema: su almacenamiento y distribución. Y fue una lucha titánica entre dos mentes privilegiadas: Thomas Alva Edison, todo un tiburón de los negocios, y Nikola Tesla, uno de mis héroes, que era mucho menos ambicioso (por suerte para nosotros).

El sistema de Edison (fundador de General Electric y socio de J. P. Morgan, uno de los millonarios más influyentes de la época) para transportar la electricidad se basaba en la corriente continua y era muy costoso, además de generar importantes pérdidas por disipación en forma de calor. En cambio, el sistema de Tesla, basado en la corriente alterna y apoyado por Westinghouse Electric, conseguía que no solo fuera más barato hacerlo, sino que, a mayor voltaje, menor era la intensidad de corriente necesaria para transmitirla. Dicho de otro modo: misma potencia, menores pérdidas.

La batalla llegó a tal extremo que Edison colaboró en la invención de la silla eléctrica y la empleó en espectáculos casi circenses electrocutando con corriente alterna todo tipo de animales, incluso un elefante (pobrecillo, qué culpa tendría...; desde que lo supe, Edison me cae fatal), para intentar convencer al público de que el sistema de su competidor era extremadamente dañino y mortal. A Tesla, valiente él, no le quedó otra que someter su propio cuerpo a una descarga de corriente alterna, que no le produjo ningún daño, por supuesto. Allí acabó lo que los medios de la época bautizaron como «la batalla de las corrientes».

Tesla, que siempre luchó por que sus descubrimientos permitieran a la humanidad vivir un poco mejor, también fue el inventor de las lámparas fluorescentes, los primeros controles remotos, la transferencia inalámbrica de energía eléctrica, los principios teóricos del radar y decenas de asombrosos descubrimientos más. Incluso fue el inventor de la radio, aunque fuera el italiano Marconi quien en 1895 (un año después de que Nikola hiciera su primera demostración en público de una transmisión de radio) patentara el invento y se llevara la gloria. Con todo, preguntado al respecto, Tesla afirmó: «No me preocupa que quieran robar mis ideas, me preocupa que ellos no las tengan». Todo un genio, adelantado a su época, al que todavía, no sé por qué, no se le ha dado el reconocimiento que merece. En 1960, eso sí, se hizo justicia y el Tribunal Supremo de Estados Unidos restableció la paternidad de Tesla sobre la radio. Algo es algo.

Antes de morir, en 1943, predijo: «Un instrumento de poco costo, y no más grande que un reloj, permitirá a su portador escuchar en cualquier parte, ya sea en el mar o en la tierra, música, canciones o un discurso de un líder político, dictado en cualquier otro sitio distante. Del mismo modo, cualquier dibujo o impresión podrá ser transferida de un lugar a otro». ¿Internet? ¿Smart Clocks? Un genio, vamos.

Volviendo a la cuestión que nos ocupa, los trenes y autobuses también se sirven de alternadores para reutilizar la energía de las ruedas en sistemas de climatización o iluminación, e incluso en enchufes para que puedas recargar la batería de tu *smartphone*. Hasta mi bicicleta de cuando era pequeño, que no era tan fantástica como el coche de Michael Knight, disponía de un alternador que funcionaba mediante la Ley de Faraday: aquel aparatito convertía el giro de las ruedas en una corriente eléctrica que alimentaba un faro que iluminaba el camino en mis correrías nocturnas. Lo llamábamos equivocadamente dinamo, invento del propio Faraday, que en vez de corriente alterna produce corriente continua, la misma que alimenta todos nuestros *gadgets* (por eso todos tienen su pequeño transformador, interno o externo, pues la corriente eléctrica llega a nuestros hogares en forma de corriente alterna).

Aun así, ni Michael Faraday, ni el alternador ni el faro de mi bicicleta pudieron evitar que me cayera unas cuantas veces (con la consiguiente regañina de mi madre: «Es que vas como loco»). Todavía me duele, pero, gracias, Michael (Faraday).

He lanzado esta pregunta en las redes sociales: «¿Qué tienen en común un aerogenerador y el Coche Fantástico?».

Y vuestra sabiduría ha hablado:

Instagram:

davitletico: Los dos son impulsados por un gorrocóptero.

Facebook:

Tomas F M. Ac: O los dos cuestan un montón de dinero y en la vida real no sirven para nada!

35
La ciencia también es cosa de chicas

Soy mujer por encima de cualquier cosa.

HEDY LAMARR

Si abres un libro de ciencia (incluido este), verás que aparecen pocos nombres de mujeres científicas, que los más notables descubrimientos y demostraciones los llevaron a cabo hombres. Indudablemente no es porque los hombres estén más capacitados para las carreras científicas (o no científicas), sino porque durante siglos a la mujer no se le permitió ser visible, acceder a los estudios universitarios o dedicarse a la carrera investigadora. Cuando alguna conseguía sobresalir era por una mezcla de esfuerzo titánico, talento excepcional y algo de suerte.

Hoy en día hay más mujeres que hombres estudiando en la universidad española (alrededor de un 54% según el Ministerio de Educación, Cultura y Deporte), aunque, como suele pasar, no abundan tanto en puestos de importancia: el porcentaje se va diluyendo según se sube en el escalafón: un

40% de profesoras, un 20% de catedráticas, escasean las rectoras... Como padre de una hija y por experiencia personal propia (mis alumnos más brillantes en veinte años fueron chicas en la mayoría de los casos, y, cuando trabajaba de ingeniero, mis compañeros más brillantes eran mujeres), estoy especialmente sensibilizado con el tema y soy imagen de todas las campañas posibles en busca de las mismas oportunidades para ellas. Tenía que llegar, por tanto, el capítulo en el que intentara recordar a las mujeres en la historia de la ciencia y pusiera mi granito de arena para darles visibilidad y ayudar a suprimir absurdos prejuicios en este sentido.

La primera mujer que destaca (y sobre la que se conserva documentación) en la peripecia científica es Hipatia de Alejandría (*c.* 355 - 415), sobre la que se han escrito numerosos libros e incluso una película: *Ágora* (2009), de Alejandro Amenábar. El director había conocido la figura de la griega gracias a la serie *Cosmos* de Carl Sagan, que en buena medida la recuperó para el gran público. Hipatia fue una matemática y astrónoma griega que formó parte de la Escuela Neoplatónica de Alejandría. Su muerte fue dramática: como no se convirtió al cristianismo, fue linchada por una turba de fanáticos religiosos por considerar que estaba hechizando a la población con sus encantamientos paganos, para después ensañarse con su cadáver como si de una bruja se tratase. Entre su legado científico, que no se conserva de primera mano, se encuentran tratados sobre álgebra, geometría de las cónicas, astronomía (hizo un planisferio celeste) o diseños sobre instrumentos astronómicos (como el astrolabio plano), aparatos para destilar agua o hidrómetros, hidroscopios o aerómetros.

CURIOSIDAD POP: Durante siglos, a muchas mujeres que destacaban en algún ámbito científico, que pensaban de forma diferente, que no se plegaban a las convenciones sociales de la época, que preferían vivir solas en vez de formar una familia o que, simplemente, eran diferentes, se las acusaba de brujas y en la mayoría de los casos eran condenadas como tales. Al delito de brujería le correspondía morir en la hoguera. Decenas de miles de mujeres fueron ejecutadas en Europa durante más de quinientos años. Y, como bien sabes, son las malas en todos los cuentos infantiles de la época. Menos mal que gracias a Maléfica sabemos que seguramente eran mejores de lo que nos las pintaron.

El término «caza de brujas» se aplica hoy en día a cualquier persecución indiscriminada debida a prejuicios sociales o políticos, como cuando en la Guerra Fría el senador McCarthy se encargó de acusar indiscriminadamente de ser agente soviético o simplemente de ser comunista a cualquiera que no compartiera las ideas del capitalismo americano. Te recomiendo *Buenas noches, y buena suerte* (2005), dirigida por George Clooney. Eso sí, no esperes persecuciones en coche, trajeados agentes con licencia para matar o chicas Bond que caen rendidas a los pies del protagonista.

Quién sabe si por este mal comienzo, hasta el siglo XIX fueron muy pocas las científicas que destacaron en algún ámbito y se hicieron un hueco en la historia. Entre ellas, sin duda, la mujer que ha dejado una impronta mayor en la ciencia es Marie Curie (1867-1934); no en vano fue la primera persona galardonada con dos premios Nobel: el de Física, en 1903, (por el descubrimiento de la radiactividad junto con su marido Pierre Curie y Henri Becquerel), y el de Química, en 1911 (este en solitario, por el descubrimiento de los elementos radio y polonio). Además de sufrir las complicaciones habituales para la mujer en la ciencia de la época, Curie tuvo que enfrentarse a la opinión pública del momento cuando comenzó una relación con otro prominente físico, Paul Langevin, casado, tras la muerte de su marido Pierre en un accidente. «No puedo aceptar que las calumnias y difamaciones de la vida privada puedan influir en el valor de la investigación científica», escribió.

Coetánea a Marie Curie fue la matemática Mileva Marić (1875-1948), que en 1896 era la única estudiante mujer en el Instituto Politécnico de Zurich, donde casualmente conoció al que sería su marido, el padre de la relatividad. Einstein era un científico genial, pero, por lo visto, no tan buen marido y padre (como se ve en la serie *Genius* que emitió National Geographic); estaba demasiado imbuido por su ambición investigadora como para prestar la atención necesaria a su familia, así que el matrimonio acabó mal o, mejor dicho, fatal. Diferentes autores señalan la importancia de Marić en la gestación de la Teoría de la Relatividad Especial, los estudios sobre el efecto fotoeléctrico o sobre el movimiento browniano (los artículos del «año milagroso» de Einstein, 1904), que conllevaron para el científico el reconocimiento y el premio Nobel. «Hace poco hemos terminado un trabajo muy importante que hará mundialmente famoso a mi marido», escribió Marić a su amiga Helene Kaufler.

Una de las pioneras de la informática fue Ada Lovelace (1815-1852), hija del célebre poeta Lord Byron, considerada la primera programadora de ordenadores, que trabajó sobre la ya citada máquina analítica diseñada por Charles Babbage en 1837, una de las primeras y rudimentarias versiones de lo que luego sería una computadora (aunque la máquina analítica nunca llegara a fabricarse de forma efectiva). Lovelace fue la primera persona en describir un lenguaje de programación de carácter general (con conceptos fundamentales hoy como «bucle» o «subrutina») y en sugerir conceptos como el algoritmo o la utilización de tarjetas perforadas para programar máquinas, método que luego se utilizó en los primeros ordenadores, como el gigantesco ENIAC.

Las mujeres han tenido un papel especialmente importante en la disciplina de la astronomía. Fue en los proyectos astronómicos, que precisaban el concurso de muchas personas haciendo cálculos y operaciones tediosos, donde se dio paso en mayor medida a las mujeres en el mundo de la ciencia. Ellas eran las primeras calculadoras, pero calculadoras humanas. El astrónomo Edward Pickering, director del Observatorio de Harvard, formó un primer grupo de estas mujeres que fue bautizado, de manera sonrojante, como el

Harén de Pickering, que llegó a reunir a ochenta trabajadoras. La primera fue Williamina Fleming (1857-1911), que era la criada del astrónomo (hoy el cráter lunar Fleming recuerda su nombre). A partir de este grupo comenzó a emplearse a mujeres en varios países para desarrollar este tipo de tareas, haciendo complejos cálculos, estudiando placas fotográficas astronómicas y manejando las grandes masas de datos que producía esta disciplina.

El camino lo continuaron otras astrónomas, estas ya con carrera universitaria, como Dorothea Klumpke (1861-1942), Annie Jump Cannon (1863-1941), Antonia Maury (1866-1952) o Henrietta Leavitt (1968-1921). Esta última estudió las estrellas de brillo variable llamadas cefeidas y descubrió varias en la nube de Magallanes. Sus trabajos permitieron posteriormente el cálculo de la distancia a estas estrellas desde la Tierra; el cálculo de distancias es uno de los problemas fundamentales de la astronomía. Gracias a ella pudimos comprobar que el cosmos era, en efecto, enorme.

Más recientemente, Jocelyn Bell, nacida en 1943 en Belfast, descubrió la primera radioseñal de un púlsar junto con su tutor de tesis, el inglés Antony Hewish. Encontró una fuente astronómica que emitía una vez por segundo, a la que llamó *Little Green Man 1* (Hombrecillo Verde 1). Aquella emisión constante parecía obra de una civilización extraterrestre, pero era un púlsar, una estrella rotante que emite radiación. El Premio Nobel de Física se lo llevó él en solitario, en 1974, hecho que fue muy criticado.

HEROÍNAS SIN CAPA: La estadounidense Vera Rubin (1928-2016), a la que dedicaré buena parte del último capítulo, estudió el movimiento de rotación de las galaxias, que sirvió *a posteriori* como fuerte evidencia para el descubrimiento, por llamarlo de alguna manera, de la materia oscura, cuyo misterioso influjo se cree que es responsable de que las galaxias no roten como se espera de ellas. La misma materia oscura, que no emite radiación electromagnética de ningún tipo, se estima que supone nada menos que el 27% del Universo.

No deja de tener su lado romántico que Carrie Fisher, la princesa Leia en *Star Wars* que luchaba contra el lado oscuro de la Fuerza, nos dejara a finales de 2016, solo dos días después que Vera. Que la Fuerza (o la masa por la aceleración) las acompañe siempre.

Otras mujeres de renombre fueron, o son, la matemática Sophie Germain (1776-1831), la física Lise Meitner (1878-1968), la matemática Emmy Noether (1882-1935), la cristalógrafa Rosalind Franklin (1920-1958), la estudiosa de los primates Jane Goodall... Es imposible nombrarlas a todas, sobre todo a las miles que trabajan en la actualidad. Afortunadamente, hoy en día las mujeres ya están integradas con normalidad en las universidades y centros de investigación; tal vez no tanto, por desgracia, en los cargos directivos.

CURIOSIDAD POP: No sé si porque soy ingeniero de telecomunicaciones y admiro profundamente a los pioneros de mi campo, el caso es que cuando conocí la historia de Hedy Lamarr (1914-2000) quedé impactado. Pero no porque su vida fuera toda una valiente odisea desde su Austria natal hasta Estados Unidos (su exmarido era proveedor de municiones y de aviones de combate de Adolf Hitler); tampoco porque terminara convirtiéndose en una reconocida (y también bellísima) actriz de Hollywood, protagonizara el primer desnudo integral del celuloide o le dijera que no al papel de Ilsa Lund en *Casablanca* (1942). No. Lo que la hizo única fue haber sido coinventora de la primera versión del espectro ensanchado que permitiría las comunicaciones inalámbricas de larga distancia, patentada para construir torpedos teledirigidos por radio que no pudieran detectar los enemigos. Traduzcamos. El espectro ensanchado es la base de las comunicaciones modernas, Bluetooth y wifi incluidos. Sí, wifi, aquello por lo que suspiramos cuando no tenemos datos. Toda una mujer, adelantada a su época. Entre algunas de sus brillantes citas, me quedo con esta, que resume su fascinante personalidad: «No temo a la muerte porque no temo a nada que no comprendo». El Día Internacional del Inventor se celebra el 9 de noviembre en su honor.

Sin embargo, las cifras de los premios Nobel siguen mostrando la desigualdad que, año a año, parece no corregirse: en Física han ganado 2 mujeres por 205 hombres; en Química, 4 mujeres por 174 hombres, y en Medicina, 12 científicas por 202 científicos. Queda mucho por hacer. Y el primer paso lo debemos dar padres y profesores, lo mismo que el cine, la literatura, la televisión, las autoridades... Más científicas y menos princesas.

36
¿Qué pasaría si se invirtiesen los polos de la Tierra?

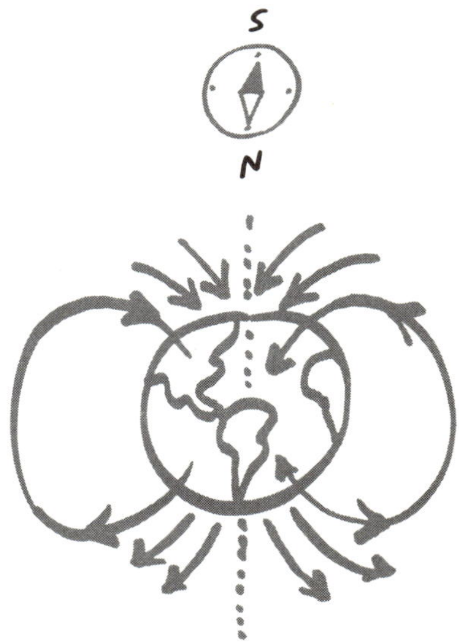

La Tierra es un gran imán, con su polo positivo y su polo negativo. De hecho, genera un campo magnético que se puede detectar en cualquier lugar del planeta, con una intensidad de entre 25 y 65 microteslas (el tesla [símbolo, T], en honor de Nikola Tesla, es la unidad de medida internacional del magnetismo). Es un campo muy débil, pero lo suficiente para que las brújulas giren sobre sí mismas y señalen el polo norte magnético (luego veremos que no es el mismo que el polo norte geográfico). Además, algunas especies animales utilizan este ligero campo magnético para orientarse e incluso para seguir sus rutas de migración anual. Pero además de para orientarse, el campo magnético de la Tierra sirve para otras cosas: sin su existencia probablemente no podríamos vivir.

El campo se extiende alrededor del planeta formando un escudo magnético que llamamos magnetosfera; esta nos protege del viento solar, violentos chorros de protones y electrones (también trazas de núcleos de helio y otros elementos) que el Sol emite durante sus períodos de máxima actividad, cuando produce mayor cantidad de fulguraciones solares, liberaciones súbitas e intensas de radiación electromagnética capaces de acelerar estas partículas a velocidades muy próximas a la de la luz. Esas partículas cargadas eléctricamente, a esa velocidad, serían extremadamente dañinas (y mortales) para nosotros, pero por fortuna el campo magnético terrestre las reconduce y las desplaza hacia los polos geográficos. Cuando interaccionan con la capa más alta de la atmósfera, producen una de las escenas más bellas que nos puede ofrecer la naturaleza, las auroras boreales, que son como cortinas fantasmales que caen del cielo nocturno.

En el siglo XIX se descubrió que cada once años aparecían unas misteriosas manchas solares en la superficie de nuestra estrella. Desde entonces se sabe que esta funciona como un reloj, a un ritmo constante y ordenado, siguiendo ciclos solares. Al igual que sucede con la Tierra, el Sol también tiene su propio campo magnético, esta vez producido por el movimiento del plasma en su interior, que se mueve a diferentes velocidades en las capas externas (zonas convectiva y fotosfera) e internas (núcleo y zona radiactiva). Esta diferencia de velocidad hace que unas capas se deslicen sobre otras y se cree un campo magnético, produciendo zonas donde el campo magnético es más intenso: las manchas solares. Hoy sabemos que indican el máximo solar, es decir, el momento en que tiene más actividad.

En estas fases de máxima actividad, que llamamos tormentas solares, las partículas y las auroras pueden llegar a latitudes muy meridionales, lejanas de los polos (se han llegado a ver en las islas Canarias, en el siglo XVII, donde desataron el pánico como si fuera una funesta señal divina), y provocar grandes apagones (en 1989, el Gran Apagón de Quebec dejó sin electricidad a toda la ciudad durante más de 24 horas) así como graves problemas y fallos en todos los dispositivos de telecomunicaciones. Es una de las grandes amenazas de las tormentas solares, sobre todo porque también estropean los satélites que orbitan muy lejos de la Tierra y están, por tanto, más expuestos a ese viento.

La más grande de la historia registrada, llamada evento de Carrington, ocurrió al final de un ciclo solar especialmente débil (la calma siempre precede a la tempestad) a principios de septiembre de 1859. Y hace muy poco, en septiembre de 2017, la NASA detectó las mayores fulguraciones solares de la década. Pero el problema no es que nos quedemos sin luz o sin cobertura, sino que el viento solar, si algún día llega a ser lo suficientemente intenso, pueda destruir la capa de ozono, que a su vez nos protege de los rayos ultravioletas, y, en definitiva, destruir la atmósfera. Y a nosotros. Moriríamos todos. Da para el guion de una película apocalíptica de Hollywood, pero confiemos en que no ocurra realmente.

¿Por qué la Tierra es un imán? Es un asunto aún bastante

desconocido, pero se cree que a 3.000 kilómetros de profundidad hay una gran masa de hierro y níquel, en la parte externa del núcleo, en estado líquido debido a las grandes temperaturas. El núcleo interno permanece en estado sólido. Los movimientos de convección del núcleo externo, junto a la rotación terrestre, generan corrientes eléctricas y, a su vez, ese campo magnético que permite la existencia de la atmósfera y la vida. Todos los imanes tienen un polo norte y un polo sur, pero, como adelantamos antes, los polos magnéticos no coinciden con los geográficos; de hecho, nunca han coincidido en los cinco siglos que llevamos midiendo sus posiciones. Ahora mismo, el eje magnético y el eje geográfico difieren en un ángulo de 11,5 grados, de modo que el polo norte magnético se encuentra a unos 1.000 kilómetros del geográfico. El «problema» es que no es estático: cada día se mueve 125 metros (en unos cincuenta años podría estar ya cerca de Siberia, en Rusia) debido al constante (y aleatorio) movimiento del núcleo fundido del planeta. Según Arnaud Chulliat, geofísico que trabaja en el Instituto de Física del Globo de París, su ubicación futura es muy difícil de predecir; nadie sabe cuán caprichoso es el núcleo terrestre y si empezará a vagar en breve en otra dirección. Mientras tanto, por cierto, hoy el polo norte geográfico está debajo de la estrella polar, aunque esto también es coyuntural: ya vimos en otro capítulo que, debido al movimiento de precesión, el planeta no siempre ha estado ahí ni lo estará siempre.

Pero lo relevante de verdad no es que se desplacen lentamente, sino que a veces los polos se invierten (inversiones geomagnéticas), como se ha podido comprobar al estudiar las rocas antiguas. En general, la intensidad del campo geomagnético ha ido menguando desde los tiempos de Jesucristo, y sabemos que en el futuro se invertirán los polos una vez más, si bien no sabemos cuándo, porque, aunque se suceden, lo hacen de forma aleatoria. Será pronto, en términos geológicos (unos miles de años de nada...), ya que la última inversión de los polos magnéticos fue hace 780.000 años, y se ha comprobado que la intensidad del campo y su movimiento disminuyen progresivamente desde entonces. Aunque no hay manera exacta de predecirlo, sí que podemos elucubrar sobre lo que podría pasar y, en ese caso, qué nivel de catástrofe supondría. Atención, *spoiler*...

En una inversión magnética, durante un corto espacio de tiempo antes de volver a parecer invertido, el campo sería inexistente. Ya no podría protegernos contra las radiaciones cósmicas o las llamaradas solares ¿Qué pasaría entonces? Pues que las partículas contenidas en la magnetosfera (en los llamados cinturones de Van Allen) caerían sobre la atmósfera, pero, más que dañar a los humanos, producirían espectaculares auroras. Los animales que siguen el campo magnético estarían despistados durante ese intervalo. Y, probablemente, los sistemas de comunicaciones fallarían durante algún tiempo, lo cual daría lugar a pérdidas económicas multimillonarias. Pero no se produciría ningún apocalipsis, que no *panda* el *cúnico*: la atmósfera seguiría estando ahí. De hecho, sabemos que al menos los polos ya se han invertido en veinte ocasiones, y la vida en la Tierra siempre ha seguido su curso.

37
Cómo caminar sobre las aguas

El pantano, qué miedo. Cuando era un chaval y mis padres me llevaban al pantano, me causaba cierta inquietud, por si acababa atrapado en unas densas arenas movedizas que engullesen mi cuerpo poco a poco y sin remedio. Creo que había visto demasiadas películas de Tarzán. Desde entonces el mundo de los fluidos me suscita gran interés porque hay fluidos muy raros: algunos se mueven muy lentamente, otros se ponen rígidos cuando les das un puñetazo, y sobre algunos puedes caminar excepto si te paras: entonces, te hundes.

Los fluidos son sustancias entre cuyas moléculas solo hay una atracción débil. Los fluidos cambian de forma sin que haya ninguna fuerza que se oponga ni que trate de recuperar su forma original. Como suele decirse, los fluidos toman la forma del recipiente que los contenga. Si echas agua en un vaso, toma la forma del vaso, y si la echas en una botella, toma la forma de la botella. El fluido más presente en nuestra vida cotidiana es el agua, sin la cual la misma vida sería imposible (como se dice, somos un 70% de agua).

Para caracterizar a los fluidos utilizamos una magnitud llamada viscosidad. La viscosidad es una medida de la resistencia que tiene el fluido a la deformación cuando se le aplica una fuerza. Por ejemplo, el agua es poco viscosa: si se la deja bajo la acción de la fuerza de la gravedad, como cuando servimos un vaso de agua con una jarra, cae sin ningún problema, con mucha fluidez. El ejemplo contrario es el de la miel: al verterla del tarro a la tostada, cae con muchísima lentitud; es un fluido muy viscoso, y muchas veces es difícil cortar ese hilillo que se extiende entre el tarro y la cuchara. La viscosidad depende de las fuerzas de cohesión entre las moléculas: cuanto más fuertes son, más viscoso es el fluido. También podemos hablar de fluidos con viscosidad muy cercana a cero, los llamados superfluidos, pero son difíciles de ver en la vida diaria: se requieren temperaturas cercanas al cero absoluto (casi todos los elementos se congelan a esa temperatura, pero sí se puede obtener helio superfluido con propiedades sorprendentes, como trepar por las paredes del recipiente y salir de él).

Básicamente, podríamos distinguir los fluidos en newtonianos, cuya viscosidad es constante en el tiempo (como el agua, el vino o la gasolina), y no newtonianos, cuya viscosidad varía con la temperatura y la tensión cortante que se le aplica (como los geles o la sangre, o la resina de las plantas, que al dejarla en un recipiente fluirá, pero si se la comprime con fuerza se convierte en sólida). De hecho, a estos últimos se los define mejor con otras propiedades reológicas (la rama de la física de medios continuos que se dedica al estudio de la deformación y el fluir de la materia), más que con su viscosidad. Si, por ejemplo, intentas andar en ese tipo de fluidos y lo haces suavemente y a baja velocidad, descubrirás que es imposible; te hundirás irremediablemente como si hubieras caído en arenas movedizas. Pero si lo haces deprisa y «pisando fuerte», podrás atravesarlos sin problemas. ¿Aplicaciones? Miles: plásticos, pegamentos, siliconas, nailon, plastilina, fluidos viscoelásticos, pinturas antigoteo… o chalecos antibalas que absorban la energía del impacto de un proyectil, pero que sean flexibles cuando nos movemos a baja velocidad.

TRUCO PARA PROFES: Si añades dos partes de agua por cada tres o cuatro partes de maicena o harina de maíz (tienes decenas de vídeos en YouTube), podrás conseguir en clase un fluido no newtoniano con el que dejar la boca abierta a tus alumnos. O a tus amigos. Barato y cien por cien inocuo, habrás conseguido fabricar «oobleck», llamado así por el cuento infantil *Bartholomew and the Oobleck*, escrito por el autor apodado Dr. Seuss, cuyo protagonista tenía que salvar su reino de una sustancia pegajosa llamada de esa curiosa forma. Como lo de caminar sobre él exigirá que acabes con toda la reserva de maicena de tu ciudad, simplemente puedes decir a tus alumnos que introduzcan muy despacio y con suavidad la mano en el recipiente y comprueben que se sumerge como si fuera agua. A continuación, diles que golpeen con fuerza la superficie del fluido con un martillo o dándole puñetazos (con vigor pero con cuidado, no vayamos a hacernos daño). Sus manos o el martillo rebotarán. No te pierdas sus caras.

De igual manera, este tipo de fluidos son aquellos sobre los que se podría caminar sin hundirse, pero sin permanecer parado, a no ser que seas Jesucristo, que, según el relato bíblico, podía caminar sobre las aguas (que son newtonianas, por eso es un milagro). Por cierto, en el programa televisivo *El hormiguero* o en la serie *The Big Bang Theory* se han hecho experimentos semejantes con este tipo de fluidos no newtonianos. El blandiblú con el que yo jugaba hace décadas, esa sustancia verdosa y marciana, yo no lo sabía, pero es otra de estas sustancias con propiedades entre líquidas y sólidas.

En el polo contrario, hay fluidos que, al ser sometidos a presión, en vez de volverse más sólidos, se vuelven más líquidos. Es el caso del kétchup o el yogur: al revolverlos o sacarlos del recipiente, fluyen más fácilmente. O la pintura, que es más fácil de extender por el lienzo o la pared cuando se la aprieta con el pincel o la brocha, pero que luego se vuelve a quedar más solidificada, tal y como queremos. Basta con aplicar la fuerza necesaria para vencer las fuerzas de cohesión interna.

También habrás visto lagartos (como el basilisco), arañas y otros bichos que caminan o se mantienen sobre el agua. ¿Cómo puede ser, si el agua es un líquido cuya viscosidad es constante? Pues porque aquí entra en juego otro concepto: el de tensión superficial. Digamos que la superficie de los líquidos se comporta como una lona elástica que no siempre resulta sencillo de romper debido a la cohesión entre las moléculas de la superficie del líquido. La fuerza que mantiene cohesionada esa superficie es lo que llamamos tensión superficial: para meter el dedo índice en un vaso de agua tenemos que aplicar una mínima fuerza que venza esa tensión. Para un humano, dicha fuerza es despreciable y no la notamos; sin embargo, hay insectos que pesan tan poco que no consiguen romper esa tensión con su peso, por eso pueden posarse, literalmente, sobre la superficie del agua como nosotros nos mantenemos sobre un suelo de asfalto. Los lagartos basiliscos (también llamados «jesucristos» por su obvia referencia bíblica) caminan sobre el agua a gran velocidad aprovechándose de la misma particularidad.

La tensión superficial es responsable de otros fenómenos visibles, como, por ejemplo, de la forma esférica de las gotas de líquido, que es la forma geométrica que permite una mínima energía. Por esa razón, cuando se juntan dos gotas esféricas se reconforman inmediatamente en una sola gota esférica más grande. Si a veces las gotas de agua adoptan formas ovaladas (por ejemplo, cuando caen de un grifo), es por la acción de la fuerza de la gravedad, que las deforma. Nada escapa de la gravedad en la Tierra. ¿O sí? ☺

He lanzado esta pregunta en las redes sociales: «¿Es posible caminar sobre las aguas?».

Y vuestra sabiduría ha hablado:

Twitter:

@redex: Es posible siempre que no sea muy profundo el charco.
@Angel_Agudo_: Si congelo el agua. No solo camino. Patino y todo!!!

Facebook:

Божидар Фильов: SÍ! Si eres Jesucristo, el mago Dynamo, el lagarto de National Geographic (basilisco), o si el agua está congelada. Aunque si nos ponemos técnicos (y científicos) el ser humano pesa demasiado, tiene las plantas de los pies muy pequeñas y no es capaz de desarrollar la velocidad necesaria para caminar sobre agua en estado líquido. Pero sí que se podría con algún invento. Espero que algún científico loco esté trabajando en ello ahora mismo.
Jony Romero: Flash y Goku también pudieron.

Mery Riba Senar: Si vives en Aguas, una localidad de la comarca de la Hoya de Huesca, sí.

38
¿Por qué se calienta la Tierra?

> Se te olvida que las frutas pertenecen a todos y que la tierra no pertenece a nadie.
>
> JEAN-JACQUES ROUSSEAU

El cambio climático —el calentamiento global, el efecto invernadero— es uno de los más importantes retos que enfrenta la humanidad. Escuchamos hablar de él con mucha frecuencia en los informativos, las organizaciones ecologistas nos avisan del desastre, algunas empresas se esfuerzan por reducir sus emisiones de CO_2 (y por hacérnoslo saber), los políticos debaten y toman medidas para evitarlo, aunque nunca son las suficientes. Escuchamos de todo, pero no hablamos tanto de los aspectos científicos. ¿Por qué se produce el cambio climático?

La Tierra es un planeta que gira alrededor del Sol, una estrella de tamaño medio, que genera energía mediante reacciones nucleares que transforman hidrógeno en helio. Esa energía cruza el espacio en forma de radiación y en 8 minutos y 19 segundos llega a nuestro planeta. Una parte de la energía recibida se refleja por superficies blancas y reflectantes como las nubes o los casquetes polares, es lo que se llama el albedo terrestre (del latín *albus*, que significa 'blanco, pálido') y rechaza un 37-39% de ella. La nieve refleja un 86% de la luz, y las nubes brillantes, el 78%; en cambio, los océanos solo reflejan entre un 5% y un 10%, y los bosques, un 8%. Cuanto mayor sea el albedo de la Tierra, menos se calentará. Por la misma razón, es tradicional pintar de blanco las casas de los pueblos andaluces: en verano reflejan gran cantidad de luz y hacen más soportables los calores que allí se sufren.

El resto de la energía no reflejada es absorbida por el planeta. Aunque la mayoría de la energía absorbida se debe a la luz en frecuencias del espectro visible, la Tierra la reemite en otras frecuencias, las del infrarrojo, y, en teoría, la devuelve al espacio, manteniendo el equilibrio térmico del planeta. Pero hay algo que se interpone en su camino hacia el espacio, los gases de efecto invernadero, cuyo máximo exponente es el CO_2, pero entre los que también se encuentran el agua, el ozono, el metano o el óxido de nitrógeno. Las moléculas de CO_2, debido a su propia naturaleza molecular, absorben precisamente esas frecuencias infrarrojas y reemiten la energía a la atmósfera y a la superficie. Recibe el nombre de efecto invernadero porque funciona de forma similar a los invernaderos que se utilizan en la agricultura y que mantienen temperaturas más altas que el ambiente circundante, permitiendo cultivar plantas u hortalizas que de otra manera no prosperarían.

Así pues, debido a los gases de efecto invernadero, la Tierra no puede devolver parte de la energía que recibe al espacio y, por tanto, se calienta. Son necesarios: sin ellos, la temperatura media terrestre sería de –18 °C, lo que dificultaría mucho la vida; gracias a ellos, la temperatura media es de 15 °C. Sin embargo, en exceso pueden causar el calentamiento de la temperatura, el calentamiento global que tanto preocupa. Y ese exceso, según ha comprobado la comunidad científica, viene producido por la actividad humana: las emisiones de CO_2 de industrias y tubos de escape, junto con la utilización de combustibles fósiles como el carbón, el gas natural o el petróleo, en vez de energías limpias como la solar o la eólica. Desde la Revolución Industrial, a finales del siglo XVIII, se ha producido un aumento del 40% en la concentración de CO_2 atmosférico.

El Panel Intergubernamental del Cambio Climático (IPCC, por sus siglas en inglés) es un organismo internacional dedicado a evaluar el avance del cambio climático y a proponer soluciones, y en él participan centenares de científicos y expertos. El IPCC ha comprobado con una certeza del 95% que la causa primordial del cambio climático son las emisiones de gases de efecto invernadero provocadas por el hombre. Sin embargo, existe un notable movimiento negacionista que dice que el cambio climático es un proceso natural en el que el ser humano no tiene nada que ver y que ni siquiera tiene que tomarse como algo negativo. Suelen ser actores interesados, como empresas que no quieren reducir sus emisiones y que, en muchas ocasiones, compran a científicos inmorales para que sostengan y difundan ideas falsas (como cuando la industria del tabaco contrataba a expertos para negar los efectos negativos de los cigarrillos). Esta es una de las facetas más tristes de la actividad científica. No hay que fiarse de ellos. El muy recomendable documental *Mercaderes de la duda* (Robert Kenner, 2015) denuncia estas actividades fraudulentas. Otro documental (que también recomiendo) valiosísimo en la difusión de la amenaza del cambio climático es *Una verdad incómoda* (Davis Guggenheim, 2006), centrado en la actividad en contra del calentamiento global de Al Gore, político demócrata estadounidense y excandidato a la presidencia de Estados Unidos. Gore y el IPCC compartieron un año después el Premio Nobel de la Paz.

La temperatura media del planeta ha subido casi un grado centígrado desde los comienzos de la industrialización, y cada una de las tres últimas décadas ha sido más caliente que la anterior. Un aumento de dos grados, que según algunos cálculos podría llegar en 2036, sería un punto crítico y catastrófico, y por eso el reto es mantener la temperatura por debajo de ese límite. El Protocolo de Kioto es un acuerdo internacional para disminuir las emisiones y ha sido firmado y ratificado por la mayoría de los países del mundo; en cambio, Estados Unidos, el principal emisor de gases de efecto invernadero, no lo ha ratificado. En fechas recientes (junio de 2017), el presidente estadounidense Donald Trump ha abandonado (en 2009 pedía combatirlo: pura incoherencia) un acuerdo posterior contra el cambio climático, el Acuerdo de París, en un ejemplo flagrante de miopía histórica en consonancia con su lema: *America First* («Estados Unidos primero»). Ya en su cuenta de Twitter, en 2012, antes de ser elegido presidente, avisaba de sus intenciones: «El calentamiento global es un invento de los chinos para hacer de Estados Unidos un país menos competitivo». Literalmente. Flipo. Lo peor es que no serán los estadounidenses las mayores víctimas de la amenaza climática que él ignora, sino que curiosamente serán los países más pobres y menos contaminantes los más perjudicados.

El metano (CH_4) es un gas incoloro, inflamable y no tóxico que se produce de forma natural por la descomposición de materia orgánica en ausencia de oxígeno. Ese proceso ocurre en el fondo de los mares, los lagos, los ríos o debajo de los casquetes polares. También en el sistema digestivo de los rumiantes. Y ahí entran en juego las ovejas y las vacas, que de hecho me caen bien: no soy precisamente vegano. Porque, aunque proporcionalmente la cantidad de CO_2 es mayor, el potencial de calentamiento del metano es muy superior, y la cría de ganado es la responsable de la cuarta parte de las emisiones de metano en el planeta, ya que produce al año más de 100 millones de toneladas.

También generamos metano en los vertederos y en la explotación y distribución de combustibles fósiles. Lo peor es que el calentamiento global se alimenta a sí mismo. El deshielo de los polos, por ejemplo, está propiciando que una ingente cantidad de metano contenida hasta ahora desde hace milenios en el hielo sea emitida de nuevo a la atmósfera. A finales del siglo XXI, si todo sigue igual, se espera que el efecto de este gas supere al del propio CO_2.

Quizá apostando por un consumo más responsable de carne de vacuno podríamos hacer algo. Pero en esto del calentamiento global mi habitual optimismo desaparece. Solo en Estados Unidos, el consumo de este tipo de carne, el mayor a nivel mundial, es de 120 kilogramos por persona al año, acumulando el 20% del consumo total del planeta. En España es de solo 10 kilogramos, el más bajo de la Unión Europea, pues consumimos pollo o cerdo en mayor proporción, y aun así solo consumimos unos 50 kilos de carne de cualquier clase al año.

Por no hablar del consumo de gasolina. Las cifras son escalofriantes. En Estados Unidos, de nuevo, se consumen al día más de 19 millones de barriles de petróleo, alrededor del 20% (otra vez) del consumo mundial, y el siguiente en la lista es China, con 10 millones. Puede que a nuestros amigos norteamericanos coger menos el coche, así como un poquito más de ejercicio y de dieta mediterránea, no les vendría nada mal. Tampoco elegir mejor a sus presidentes: ellos estarían más sanos, delgados y menos estresados, y nuestro planeta no se encontraría en peligro por su culpa..., aunque solo sea un 20% menos.

¿Y cuál es esa amenaza? ¿Por qué no debemos permitir que la Tierra se caliente? La consecuencia más notable de ese calentamiento sería el deshielo de los polos y la subida del nivel del mar, lo que daría lugar a inundaciones en las zonas costeras, y también se producirían olas de calor, incendios y sequías. Hay quien ve relación entre el calentamiento global y el aumento de la intensidad de los huracanes y otras catástrofes climáticas. Las consecuencias económicas afectarían a las infraestructuras, el turismo, la agricultura, etc. Además, muchas especies animales y vegetales se verían afectadas, con la consiguiente disminución de la biodiversidad.

¿Qué podemos hacer? La mayor parte de la responsabilidad en el freno del cambio climático es de los políticos y de sus regulaciones, no lo olvidemos. Pero, como confío muy poco en la mayoría de ellos, y tampoco en la capacidad de algunos países en elegir a sus líderes, seamos los ciudadanos de a pie los que pongamos nuestro granito de arena: usemos menos el coche y más el transporte público, utilicemos bombillas que consuman menos energía y electrodomésticos más eficientes, gastemos menos agua caliente, reciclemos la basura, no abusemos del aire acondicionado o, incluso, plantemos un árbol, que absorbe CO_2. Te animo a todo ello, para evitar que nuestro hogar se recaliente. Como decía Gandhi: «Cualquier cosa que hagamos es insignificante, pero es muy importante que la hagamos». Y está en nuestras manos.

He lanzado esta pregunta en las redes sociales: «¿Por qué se calienta la Tierra?».

Y vuestra sabiduría ha hablado:

Instagram:

19efecev91: Porque ve al Sol desnudo y le pasa cositas 😆

Facebook:

Geovanny Cardona: Porque se pone caliente cuando escucha este perreo ♪ 🕺
Jorge Manuel Silva: Porque le susurro cositas al oído. 😆

39
¿Cómo serán los mapas del futuro?

Hace treinta años, un examen de geografía con países y capitales europeas no era de los más difíciles. Como mucho, te tocaba aprenderte que la capital de Chipre era Nicosia, o la de Malta, La Valeta. El resto, de tanto oírlo habitualmente, casi te lo sabías sin tener que estudiar. Sin embargo, la Unión Soviética o Yugoslavia se partieron en pedazos y tocó aprenderse países como Uzbekistán, Macedonia o Azerbaiyán. Y sus capitales. Más difíciles los exámenes, con decenas de fronteras más.

Pero eso no es nuevo. A lo largo de la larga historia de la humanidad, grandes imperios han caído y se han formado otros nuevos, nuevos países, nuevas regiones, nuevas capitales. Al fin y al cabo, son mapas políticos, y lo que compete a la ciencia es otra cosa: ¿cambian los mapas geográficos? ¿Cambia la forma de los continentes, la distancia que hay entre ellos? En definitiva, ¿cambia el aspecto de la superficie del planeta Tierra? Y, en ese caso, ¿cómo serán los mapas del futuro?

La respuesta es que sí, que la Tierra ha cambiado a lo largo de su historia y que cambiará en el futuro. De hecho, está cambiando en este mismo momento, aunque no nos demos cuenta. El primero en percatarse de ello fue el meteorólogo y geofísico alemán Alfred Wegener (1880-1930) a través de su Teoría de la Deriva Continental, que desarrolló en 1912. Lo primero que llamó la atención al científico, al igual que a muchos otros como Francis Bacon, Alexander von Humboldt o Benjamin Franklin, es que los perfiles del África occidental y de la América del Sur oriental parecían complementarios. Como dos piezas de un puzle separadas por los miles de kilómetros del océano Atlántico, dan la impresión de que en alguna ocasión ambas costas estuvieron juntas. El sorprendente parecido entre la flora, la fauna y la geología de las dos costas parecía reafirmar la hipótesis: alguna vez esos lugares tenían que haber estado juntos. Y eso es lo que dijo Wegener con su teoría.

No todo quedaba ahí: no solo América y África estuvieron una vez unidas, sino que todos los continentes fueron hace mucho tiempo (hace unos 300 millones de años, a finales del período carbonífero) una sola masa de tierra, un supercontinente primordial, formado a partir de otros continentes anteriores. Lo llamó Pangea. Y al mar entonces existente, también único, lo bautizó como Panthalassa. Y así permanecieron hasta que hace casi 150 millones de años, Pangea se dividió en Gondwana al sur y Laurasia al norte, separadas por el mar de Tetis.

De la primera surgieron América del Sur, África, India, Australia, Antártida... Y de la segunda, Europa, América del Norte y el norte de Asia. Como muchas otras grandes

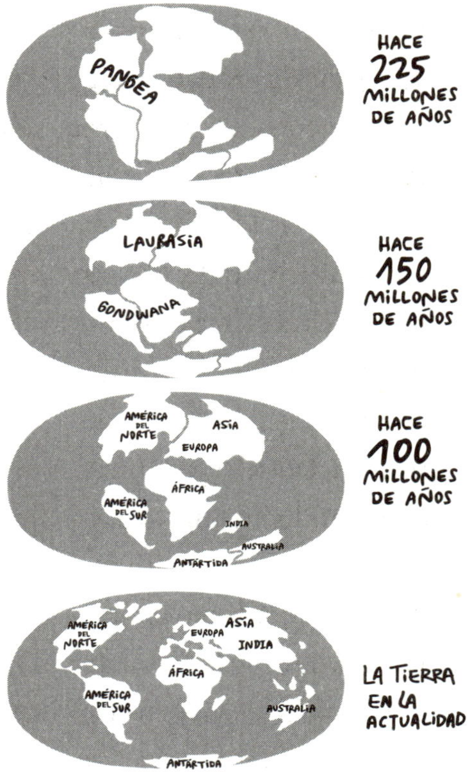

teorías, las ideas de Wegener se descartaron, no se tomaron en serio y el científico murió sin reconocimiento hasta que treinta años después sus ideas se retomaron y fueron aprobadas unánimemente por la comunidad científica, convencidos ya de que los continentes se mueven. Y lo siguen haciendo en la actualidad (concretamente, 2,5 centímetros cada año, una pulgada, a la misma velocidad a la que crecen nuestras uñas). Así, América del sur y África se alejan año tras año, inexorablemente. Una pulgada. Cada vez más lejos entre sí.

¿Cómo puede ser que lo que consideramos más seguro e inmóvil, es decir, el suelo bajo nuestros pies, se haya movido tanto y, en realidad, lo siga haciendo? Es porque los continentes son placas enormes (las placas tectónicas que forman la litosfera, la parte más externa y dura del planeta, con un espesor de entre 100 y 250 kilómetros) que flotan sobre otros materiales en el interior de la Tierra. Son como islas móviles en un mar de roca fundida, semifluida, llamada astenosfera, la parte superior del manto terrestre. Los movimientos de convección en esta zona son los que provocan el movimiento continental.

Los continentes se mueven de una manera extraordinariamente lenta, pero su movimiento tiene consecuencias nada insignificantes: los volcanes o los terremotos. Cuando, en su continuo desplazamiento, las placas tectónicas colisionan, se produce habitualmente subducción (una de las placas se desliza debajo de la otra) y la fricción producida derrite el manto; este fenómeno da lugar a la aparición de volcanes o aumenta progresivamente la tensión a la que son sometidas las placas, lo cual genera fracturas en ellas, llamadas fallas, en las que se localizan con frecuencia terremotos.

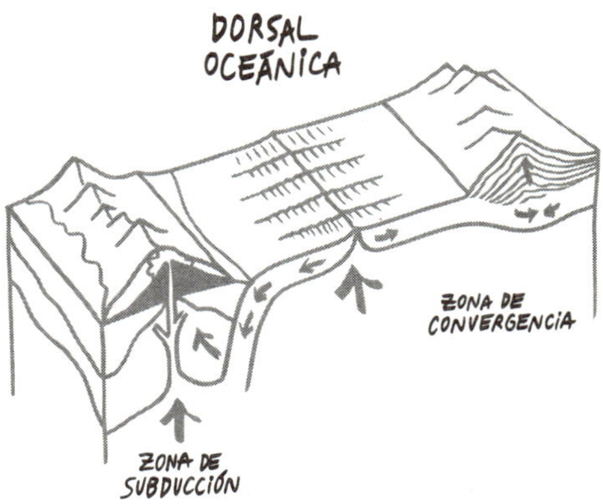

La falla de San Andrés, en California, donde confluyen las placas norteamericana y pacífica, forma parte del llamado Cinturón de Fuego del Pacífico, un anillo de fallas y volcanes que va desde Argentina hasta Nueva Zelanda y que bordea los diferentes continentes, rodeando el océano. Allí se suceden habitualmente los terremotos (y, por

consiguiente, a veces también maremotos) más violentos de la Tierra, que han protagonizado no solo películas (*Lo imposible*, *San Andrés*, *Superman*), sino también, por desgracia, auténticas catástrofes humanas. Sin ir más lejos, en septiembre de 2017, México fue asolado por un terremoto de magnitud 7,1 que dejó a su paso 324 víctimas e innumerables daños materiales.

CURIOSIDAD CIENTÍFICA: El terremoto más grande jamás registrado fue el megaterremoto de Valdivia de 1960, conocido también como el Gran Terremoto de Chile, con un 9,5 en la escala sismológica de magnitud de momento (Mw). Costó la vida a cerca de 2.000 personas y dejó más de dos millones de damnificados. El sismo fue percibido en la mitad del planeta, y produjo la erupción del volcán chileno Puyehue y un intenso maremoto que afectó a casi todo el Pacífico (incluidos Hawai y Japón).

La Mw, sucesora de la escala sismológica de Richter (ML), es una escala logarítmica (los logaritmos sirven para algo más que para volver locos a los estudiantes de matemáticas) usada para medir y comparar terremotos. Introducida en 1979 por Thomas C. Hanks y Hiroo Kanamori, se basa en la medición de la energía total que libera un sismo.

En los casos en los que no se producen catástrofes (que se sepa, porque habrían sucedido hace miles de años y no tenemos constancia), las grandes cordilleras (los Urales, el Atlas, los Apeninos o los Apalaches) también se formaron por el movimiento y la reacomodación de las placas. Sin ir más lejos, los Pirineos se formaron de esta manera, donde se juntan la placa ibérica y la placa europea. Y, por supuesto, el Himalaya, la mayor cordillera del planeta, surgida por la colisión entre la India y el norte de Asia. Considerando las características de esas placas, el impacto fue de tales proporciones que solo allí podían nacer las montañas más altas del planeta (los catorce ochomiles del mundo, las montañas de más de 8.000 metros). También en las zonas de subducción se originan fosas oceánicas, como la de las Marianas, que ya vimos, de 11 kilómetros de profundidad, mucho más evidente y drástico en la corteza terrestre que el propio Everest (aunque en sentido contrario, hacia abajo).

¿De dónde sale la fuerza que empuja a las placas tectónicas para que embistan a otras y se produzcan fenómenos de subducción, volcanes, terremotos, cordilleras, fosas, etc.? Pues de las dorsales oceánicas. Son elevaciones de 2.000 o 3.000 metros situadas en la parte media de los océanos de la Tierra, donde se emite magma (lava) continuamente a través de sus múltiples fisuras. Digamos que es aquí donde se va generando el nuevo material del planeta que empuja al resto. Se forman entonces islas volcánicas, como las Galápagos, y nueva litosfera oceánica que termina luego colisionando con otras placas. Por eso, América del Sur está cada vez más lejos de África y el mapa cambiará en el futuro, o está continuamente cambiando.

¿Cómo será entonces la Tierra dentro de 250 millones de años? Bastante diferente, según ha investigado el geólogo Christopher Scotese, de la Universidad de Texas. Creador del Proyecto Paleomap, este científico trata de dibujar el mapa de la Tierra durante los últimos 1.100 millones de años, y también mapas del futuro que conducen a un nuevo supercontinente que ha bautizado como «Pangea Ultima» (o «Pangea Proxima», porque posteriormente seguiría evolucionando). En el futuro, el mar Mediterráneo desaparecerá al fundirse África con Europa, Australia se unirá con Asia, y los dos subcontinentes americanos también formarán parte del nuevo continente único.

Que estén tranquilos los partidarios del *brexit*, porque el Reino Unido seguirá siendo una isla solitaria; pero, cuidado: solo quedan unos millones de años para ir a Menorca antes de que el Mediterráneo desaparezca.

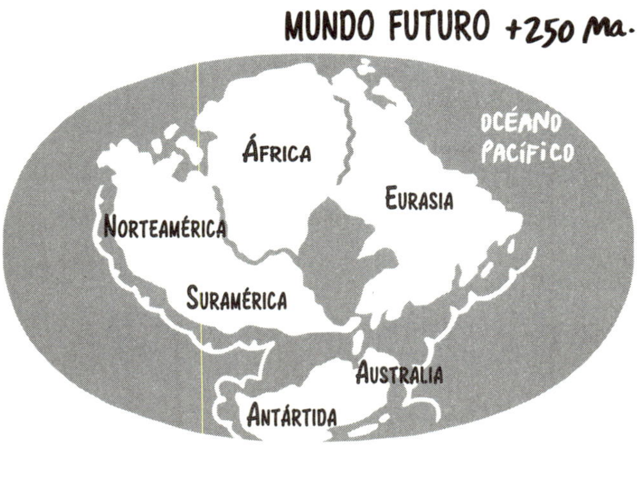

40
Todo lo que no vemos del Universo

> Lo que sabemos es una gota de agua; lo que ignoramos es el océano.
>
> Isaac Newton

El otro día escuchaba absorto (y, lo reconozco, muerto de la risa) a mi amigo Eduardo Sáenz de Cabezón, matemático y profesor de programación en la Universidad de La Rioja, hablar sobre la materia oscura ante un nutrido grupo de estudiantes de física. Es un crac, ya no solo porque es una de las personas más frikis y divertidas que conozco (su monólogo «Un teorema es para siempre» y su canal Derivando en YouTube son lo mejor), sino porque además es valiente: ¡mira que decirles a todos ellos que si son estudiantes de física es porque no se atrevieron a hacer matemáticas…!

El caso es que divagaba, mitad en serio, mitad en broma, sobre la razón de por qué la materia oscura se llama así: «Imaginaos: laboratorio de física hace unos años, un montón de físicos flipando con el movimiento de las galaxias, impredecible, no saben por qué, no consiguen predecirlo en un 95% de los casos... ¿Qué hacemos?, pregunta preocupado uno de los físicos. No podemos poner en el papel que no tenemos ni idea. ¿Qué hacemos para que cuadre? ¿Lo llamamos materia oscura? Venga, vale...». Cuando uno mira al firmamento estrellado se queda sobrecogido por la magnificencia y enormidad del Universo: una gigantesca oscuridad salpicada de estrellas. Todo un viaje virtual al pasado, pues muchas de las que vemos ya no existen y lo que observamos es la luz que emitieron hace miles de años, lo que la luz tarda en llegar hasta nosotros. Quizá ya no están ahí y se han extinguido. Hay pocas cosas tan románticas en ciencia.

Toda la información que nos llega del cosmos lo hace en forma de radiación electromagnética que captamos con nuestros ojos o con nuestra tecnología: la luz visible, el infrarrojo, el ultravioleta, las ondas de radio, los rayos X, etc. (ahora, con el reciente descubrimiento de las ondas gravitacionales, se abre un nuevo tipo de astronomía basado en las vibraciones del espacio-tiempo). Pero resulta que, igual que no es oro todo lo que reluce, el Universo no es solamente aquello que brilla. Hay una gran parte de él que ha permanecido oculta a nuestros ojos y aparatos hasta hace muy poco, y que aún nos supone un misterio.

Se trata de la materia oscura, un tipo de materia que corresponde al 27% de la materia-energía del Universo, y que no es ni energía oscura (una especie de antigravedad que causa la expansión del Universo) ni neutrinos. Como no emi-

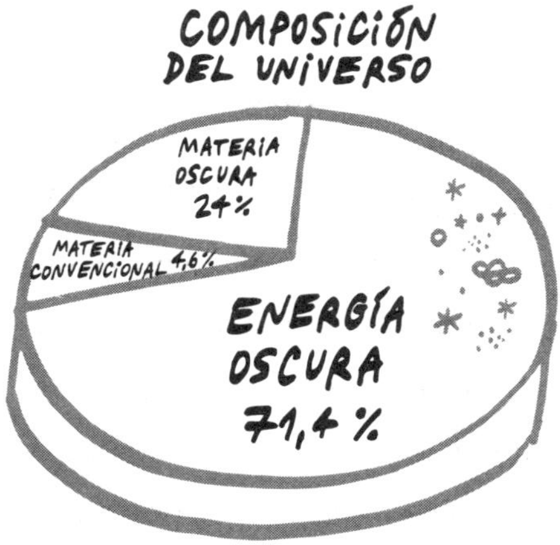

te ningún tipo de radiación electromagnética (como la luz), el nombre le viene de perlas. La materia convencional, aquello conformado por átomos, como los que forman nuestros cuerpos, nuestro planeta o este libro que lees, no alcanza a representar un 5% del total del Universo; está en alarmante minoría en relación con todo lo demás (otra vez comprobamos que somos muy poca cosa y que debemos ser humildes).

Si la materia oscura no emite nada ni interacciona con la radiación electromagnética, entonces ¿cómo sabemos que existe? Pues por otros indicios, como, por ejemplo, su efecto gravitacional. Es tan desconocida que hay quien la compara con aquellos lugares llamados *terra incognita* ('tierra desconocida', en latín) en los viejos mapas, de los que no se conocía nada y donde a veces se decía que había monstruos terribles acechando. Pero este no es el caso: no hay monstruos raros en el Universo como en los cuentos de H. P. Lovecraft (toquemos madera).

El astrónomo Fritz Zwicky, entre otros, ya adelantó la idea de la posible existencia de una materia oscura al observar indicios de movimientos anómalos y sin explicación en el cúmulo de galaxias de Coma (las galaxias dentro del cúmulo se movían a velocidades no contempladas por la teoría). La comunidad científica no tuvo demasiado en cuenta sus observaciones; sin embargo, ninguna teoría vigente hasta la época había logrado explicar estas anomalías descubiertas, y durante años permanecieron sin explicación.

Así fue hasta que en 1974 la astrónoma estadounidense Vera Rubin descubrió que las estrellas que se movían en la periferia de las galaxias lo hacían mucho más rápido que lo que la masa de la galaxia y la Ley de la Gravitación Universal podían prever. En teoría, como ocurre con los planetas del Sistema Solar, las estrellas más cercanas al centro deberían rotar más rápido que las más lejanas (igual que Neptuno gira alrededor del Sol más lento que Mercurio, según las leyes de Kepler y de Newton), pero lo que encontró Rubin era que iban todas a la misma velocidad. Las estrellas lejanas iban más rápido de la cuenta, no cumplían las llamadas «curvas de rotación» (la distribución de la velocidad de las estrellas respecto de la distancia al centro de la galaxia), incluso deberían salir disparadas a tal velocidad de la galaxia. Algo raro pasaba.

Había dos opciones: o nuestras leyes sobre la gravedad estaban equivocadas y había que rehacer la física que tantos progresos había conseguido, o tenía que haber algo ahí escondido que explicase este fenómeno, algo que ejerciera fuerza gravitatoria sin emitir luz (pues no podíamos verlo). Existía, por tanto, la opción de que las galaxias no fueran solo esa bola o esa espiral luminosa que vemos, sino que estuvieran rodeadas de enormes masas (hasta nueve veces mayor que la masa total de la galaxia) formando un gigantesco halo que nos resultaba invisible. A ese halo se lo llamó materia oscura, el «monstruo» que vivía en la *terra incognita* en los mapas medievales. Así se podría explicar el anómalo comportamiento de las estrellas. Posteriormente, otros fenómenos, como las lentes gravitacionales, las huellas en el fondo cósmico de microondas o el movimiento de ciertas galaxias, confirmaron esta última idea. Su descubrimiento cambió la historia de la astronomía.

HEROÍNAS SIN CAPA: Cuando en 1948 terminó sus estudios de Arte (es lo que le recomendaron por ser mujer), Vera Rubin intentó matricularse sin éxito en Princeton para estudiar astronomía (hasta 1975 los posgrados de dicha disciplina estuvieron vetados a las mujeres en esta universidad). Afortunadamente, Rubin consiguió que la admitieran para estudiar física en Cornell, donde coincidió con algunos de los físicos más importantes del siglo anterior, como Richard Feynman y Hans Bethe. En su tesis doctoral, dirigida por George Gamow en la Universidad de Georgetown, demostró que las galaxias no ocupan al azar su lugar en el Universo, sino que viven en grandes comunidades, los cúmulos de galaxias. Once años después abandonó Georgetown y consiguió un puesto fijo como investigadora en la Institución Carnegie de Washington, donde conoció a Kent Ford, con el que intentó dar explicación a la Ley de Hubble y las desviaciones de las galaxias ▶

▶ respecto de la expansión global del Universo. Precisamente mientras estudiaba los movimientos de estrellas en la periferia de la galaxia Andrómeda, tuvo lugar su mayor descubrimiento.

Durante los años posteriores, además de seguir intentando arrojar algo de luz sobre la materia oscura, dedicó gran parte de su vida a tratar de conseguir que a las mujeres se les diera la oportunidad de emprender carreras científicas. Como por desgracia suele ocurrir, nunca se consideró que reuniera los méritos suficientes para alzarse con el Nobel de Física; pero, al menos, aunque no sea suficiente para honrar sus méritos, un asteroide, el 5726 Rubin, lleva su nombre. Y su trabajo sirvió y sigue sirviendo de inspiración a miles de mujeres en todo el mundo. Gracias, Vera, en nombre de todas ellas.

El fenómeno ya tenía nombre, pero la naturaleza de la materia oscura sigue siendo uno de los enigmas más grandes de la ciencia. ¿Qué es? ¿Qué la compone? Sabemos que no brilla ni interacciona con la radiación electromagnética, que no se mueve a velocidades relativistas, que es estable en el tiempo... Aun así, si recurrimos al «modelo estándar», la teoría vigente que estudia y clasifica las partículas que forman el cosmos (los quarks, los electrones, etc.), encontramos que no hay nada ahí que encaje con las características que buscamos. También se ha pensado que puede consistir en planetas, gases no luminosos, enanas marrones, es decir, materia como la que conocemos pero que no brilla, más de lo mismo pero sin luz, lo que llamamos materia oscura bariónica, que está formada por bariones (partículas como los neutrones y los protones formadas por tres quarks).

CURIOSIDAD CIENTÍFICA: Electrones, protones y neutrones formando átomos: esas eran las partículas elementales que yo estudiaba en el colegio según la teoría de Dalton (ya supimos de él cuando hablamos de daltonismo). Pero a partir de los años ochenta todo cambió, y a la fiesta de las partículas elementales fueron llamados nuevos y exóticos invitados para tratar de explicar fenómenos físicos para los cuales no se encontraba ninguna explicación según el modelo daltoniano. A partir de su masa, por ejemplo, se agrupan por generaciones, tres, como en un árbol genealógico, donde cada generación es igual que la anterior pero más masiva. Lo mejor, los nombres. En la primera generación: electrón, neutrino electrónico, quark arriba y quark abajo; en la segunda: muon, neutrino muónico, quark extraño y quark encantado; y en la tercera y última: tauón, neutrino tauónico, quark fondo y quark cima. Y hay más familias, como en *Juego de tronos*, pero esta vez atendiendo a las teorías que describen sus interacciones: leptones, mesones, bariones, gravitones, hadrones, gluones, etc. Con lo fácil que era antes... Me pasa igual que con las capitales de los países de Europa.

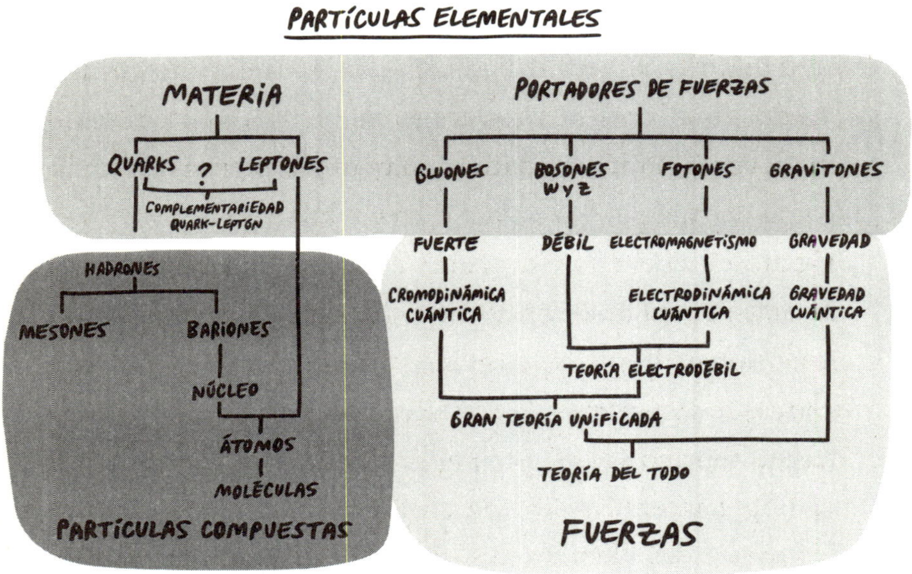

No obstante, todo parece indicar que esta materia oscura debe de ser radicalmente diferente a la materia ordinaria con la que los científicos (y todos los demás) tratamos diariamente. Ahora los investigadores de todo el planeta se afanan en diseñar experimentos para detectar este tipo de materia que casi no interacciona con nada. Se postulan las partículas masivas que interactúan débilmente (WIMP, por sus siglas en inglés), que solo responderían ante la fuerza gravitatoria y la fuerza nuclear débil. Actualmente solo son una hipótesis; pero, si existieran, deberían ser tan numerosas para causar los efectos observados que 10^{23} WIMP (un 1 seguido de 23 ceros) serían capaces de atravesar tu cuerpo cada segundo. Y nosotros sin enterarnos. Otra posibilidad, aún sin confirmar, para explicar la composición de la materia oscura son los axiones, partículas de masa muy pequeña y sin carga eléctrica, una especie de fotones raros (se piensa que los axiones y los fotones se podrían transformar entre sí). El misterio, apasionante, continúa, pero los experimentos cada vez son más refinados y hay quien piensa que en la próxima década podría hallarse una solución.

Como en el caso de la materia oscura, muchas teorías físicas nacen para intentar explicar fenómenos inexplicables, aunque no sea hasta muchos años después cuando se demuestra que son ciertas. Ocurrió con el bosón de Higgs, un concepto teórico sobre una partícula elemental con el que Peter Higgs intentó justificar, en 1964, el origen de la masa de las partículas elementales, la partícula que explica por qué los cuerpos tienen una determinada masa y no otra y se oponen a ser acelerados (cuanta más masa tiene algo, más difícil es ponerlo en movimiento o frenarlo). Durante años solo fue una teoría más, y a nuestro eminente físico le llegó incluso la hora de jubilarse sin que su teoría fuese validada. El vídeo de sus antiguos alumnos dando a Peter en su propia casa la noticia de su increíble acierto, casi cincuenta años después, y las lágrimas de alegría de todos ellos ante semejante hito es una de las imágenes más emotivas que recuerdo en relación con la ciencia.

El bosón de Higgs constituye el cuanto del campo de Higgs (la más pequeña excitación posible de este campo). No posee espín, carga eléctrica o color, es muy inestable y se desintegra rápidamente: su vida media es del orden del zeptosegundo (en 1 segundo hay 1.000 trillones de zeptosegundos, casi nada). Efímera no, lo siguiente. Y muy muy remota. Surgieron una millonésima de segundo después del Big Bang, antes de que existiese la materia, y siguen presentes en el Universo.

El 14 de marzo de 2013, tras varios estudios previos, los experimentos ATLAS y CMS en el colisionador de hadrones del CERN dieron la razón a Higgs, quien, junto a François Englert, recibió el Premio Nobel de Física.

Aunque no tiene nada de divino (al propio Higgs no le hizo ninguna gracia que se la bautizara así), el apodo le viene del libro *La partícula de Dios: si el Universo es la respuesta, ¿cuál es la pregunta?* (1993) con el que los premios Nobel Leon Max Lederman y Dick Teresi titularon un divertido libro sobre la historia de la ciencia de las partículas elementales desde la Antigüedad. A los periodistas les encantó el nombre, pero Lederman intentó disculparse más tarde asegurando que en realidad quería titularlo *La partícula maldita* (*The Goddam Particle*), por la dificultad para encontrarla y la cantidad de fondos destinados a intentarlo. Sea como fuere, mereció la pena.

Lo importante es que, aunque no sepamos qué es la materia oscura, su importancia dentro de la física es fundamental. De hecho, siempre se tiene en cuenta para la elaboración de modelos cosmológicos, para estudiar la formación, la evolución y el movimiento de las galaxias y del propio Universo. Suele decirse que la materia oscura domina el Universo (porque es así) pero, además, es una de esas fronteras de la ciencia que nos muestran que todavía nos queda mucho por descubrir y que, tal vez, nunca consigamos descubrirlo todo. En el fondo, siempre habrá un lado oscuro. En el de la Fuerza estaba Darth Vader, casi invencible. En el de la ciencia, los científicos no se rinden, y siguen estrujando a la naturaleza para desvelar sus últimos y oscuros secretos.